초등 수학의 기본

신기한
연산왕

A-4

초1
수준

KMA 대비서

초등 수학의 기본은 연산력!!

신기한
연산왕

A-4

초 1
수준

구성과 특징

원리+익힘

연산의 원리를 쉽게 이해하고 빠르고 정확한 계산 능력을 얻을 수 있도록 구성하였습니다.

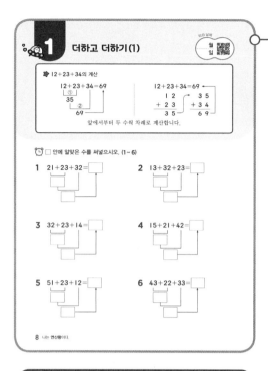

1 더하고 더하기(1)

➡ 12+23+34의 계산

12+23+34=69

앞에서부터 두 수씩 차례로 계산합니다.

☐ 안에 알맞은 수를 써넣으시오. (1~6)

1 21+23+32=☐

2 13+32+23=☐

3 32+23+14=☐

4 15+21+42=☐

5 51+23+12=☐

6 43+22+33=☐

8 나는 연산왕이다.

신기한 연산

연산 능력과 창의사고력 향상이 동시에 이루어질 수 있는 문제로 구성하여 계산 능력과 창의사고력이 저절로 향상될 수 있도록 구성하였습니다.

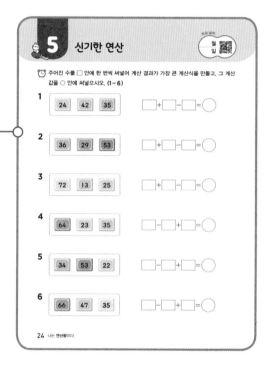

5 신기한 연산

주어진 수를 ☐ 안에 한 번씩 써넣어 계산 결과가 가장 큰 계산식을 만들고, 그 계산 값을 ○ 안에 써넣으시오. (1~6)

1 24 42 35   ☐+☐-☐=○

2 36 29 53   ☐+☐-☐=○

3 72 13 25   ☐+☐-☐=○

4 64 23 35   ☐-☐+☐=○

5 34 53 22   ☐-☐+☐=○

6 66 47 35   ☐-☐+☐=○

24 나는 연산왕이다.

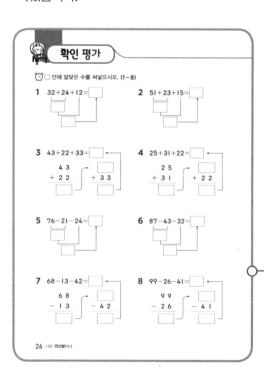

확인 평가

☐ 안에 알맞은 수를 써넣으시오. (1~8)

1 32+24+12=☐

2 51+23+15=☐

3 43+22+33=☐

   4 3
 + 2 2   + 3 3

4 25+31+22=☐

   2 5
 + 3 1   + 2 2

5 76-21-24=☐

6 87-43-32=☐

7 68-13-42=☐

   6 8
 - 1 3   - 4 2

8 99-26-41=☐

   9 9
 - 2 6   - 4 1

26 나는 연산왕이다.

확인평가

단원을 마무리하면서 익힌 내용을 평가하여 자신의 실력을 알아볼 수 있도록 구성하였습니다.

크라운 온라인 단원 평가는?

크라운 온라인 평가는?

단원별 학습한 내용을 올바르게 학습하였는지 실시간 점검할 수 있는 온라인 평가 입니다.

- 온라인 평가는 매단원별 25문제로 출제 되었습니다
- 평가 시간은 30분이며 시험 시간이 지나면 문제를 풀 수 없습니다
- 온라인 평가를 통해 100점을 받으시면 크라운 1개를 획득할 수 있습니다.

온라인 평가 방법

에듀왕닷컴 접속 www.eduwang.com		메인 상단 메뉴에서 단원평가 클릭		단계 및 단원 선택
신규 회원 가입 또는 로그인		닷컴 메인 메뉴에서 단원 평가 클릭		평가하고자 하는 단계와 단원을 선택

크라운 확인	<<	온라인 단원 평가 종료	<<	온라인 단원 평가 실시
마이페이지에서 크라운 확인 후 크라운 사용		종료 후 실시간 평가 결과 확인		30분 동안 평가 실시

유의사항

- 평가 시작 전 종이와 연필을 준비하시고 인터넷 및 와이파이 신호를 꼭 확인하시기 바랍니다
- 단원평가는 최초 1회에 한하여 크라운이 반영됩니다. (중복 평가 시 크라운 미 반영)
- 각 단원 평가를 통해 100점을 받으시면 크라운 1개를 드리며, 획득하신 크라운으로 에듀왕닷컴에서 판매하고 있는 교재 및 서비스를 무료로 구매 하실 수 있습니다 (크라운 1개 - 1,000원)

연산왕 단계별 학습 내용

A-1 (초1수준)
1. 9까지의 수
2. 9까지의 수를 모으고 가르기
3. 덧셈과 뺄셈

A-2 (초1수준)
1. 19까지의 수
2. 50까지의 수
3. 50까지의 수의 덧셈과 뺄셈

A-3 (초1수준)
1. 100까지의 수
2. 덧셈
3. 뺄셈

A-4 (초1수준)
1. 두 자리 수의 혼합 계산
2. 두 수의 덧셈과 뺄셈
3. 세 수의 덧셈과 뺄셈

B-1 (초2수준)
1. 세 자리 수
2. 받아올림이 한 번 있는 덧셈
3. 받아올림이 두 번 있는 덧셈

B-2 (초2수준)
1. 받아내림이 한 번 있는 뺄셈
2. 받아내림이 두 번 있는 뺄셈
3. 덧셈과 뺄셈의 관계

B-3 (초2수준)
1. 네 자리 수
2. 세 자리 수와 두 자리 수의 덧셈과 뺄셈
3. 세 수의 계산

B-4 (초2수준)
1. 곱셈구구
2. 길이의 계산
3. 시각과 시간

차례

1

두 자리 수의 혼합 계산

1 더하고 더하기 (1)

⭐ 12+23+34의 계산

$$12+23+34=69$$
① 35
② 69

$$12+23+34=69$$

```
  1 2        3 5
+ 2 3      + 3 4
  3 5        6 9
```

앞에서부터 두 수씩 차례로 계산합니다.

⏰ □ 안에 알맞은 수를 써넣으시오. (1~6)

1 21+23+32=□
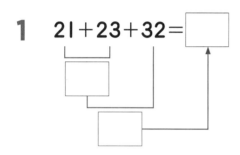

2 13+32+23=□
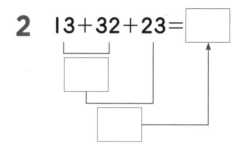

3 32+23+14=□
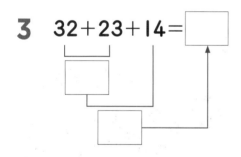

4 15+21+42=□

5 51+23+12=□
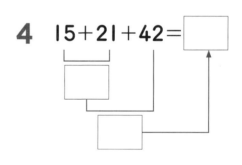

6 43+22+33=□
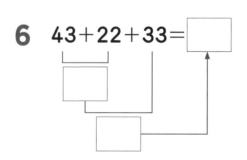

계산은 빠르고 정확하게!

걸린 시간	1~5분	5~8분	8~10분
맞은 개수	13~14개	10~12개	1~9개
평가	참 잘했어요.	잘했어요.	좀더 노력해요.

⏰ □ 안에 알맞은 수를 써넣으시오. (7 ~ 14)

7 $12+35+21=$ □ ←

$$\begin{array}{r} 1\ 2 \\ +\ 3\ 5 \\ \hline \Box \end{array} \rightarrow \begin{array}{r} \Box \\ +\ 2\ 1 \\ \hline \Box \end{array}$$

8 $36+20+23=$ □ ←

$$\begin{array}{r} 3\ 6 \\ +\ 2\ 0 \\ \hline \Box \end{array} \rightarrow \begin{array}{r} \Box \\ +\ 2\ 3 \\ \hline \Box \end{array}$$

9 $24+15+40=$ □ ←

$$\begin{array}{r} 2\ 4 \\ +\ 1\ 5 \\ \hline \Box \end{array} \rightarrow \begin{array}{r} \Box \\ +\ 4\ 0 \\ \hline \Box \end{array}$$

10 $43+25+31=$ □ ←

$$\begin{array}{r} 4\ 3 \\ +\ 2\ 5 \\ \hline \Box \end{array} \rightarrow \begin{array}{r} \Box \\ +\ 3\ 1 \\ \hline \Box \end{array}$$

11 $35+22+32=$ □ ←

$$\begin{array}{r} 3\ 5 \\ +\ 2\ 2 \\ \hline \Box \end{array} \rightarrow \begin{array}{r} \Box \\ +\ 3\ 2 \\ \hline \Box \end{array}$$

12 $20+43+15=$ □ ←

$$\begin{array}{r} 2\ 0 \\ +\ 4\ 3 \\ \hline \Box \end{array} \rightarrow \begin{array}{r} \Box \\ +\ 1\ 5 \\ \hline \Box \end{array}$$

13 $26+41+22=$ □ ←

$$\begin{array}{r} 2\ 6 \\ +\ 4\ 1 \\ \hline \Box \end{array} \rightarrow \begin{array}{r} \Box \\ +\ 2\ 2 \\ \hline \Box \end{array}$$

14 $44+21+32=$ □ ←

$$\begin{array}{r} 4\ 4 \\ +\ 2\ 1 \\ \hline \Box \end{array} \rightarrow \begin{array}{r} \Box \\ +\ 3\ 2 \\ \hline \Box \end{array}$$

더하고 더하기 (2)

학습 날짜

월   일

⏰ 빈 곳에 알맞은 수를 써넣으시오. (1 ~ 10)

1
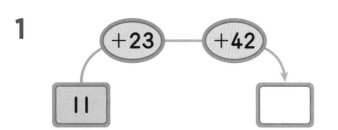

2
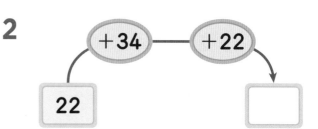

3
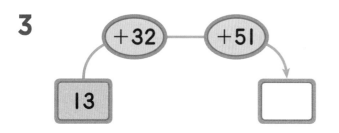

4
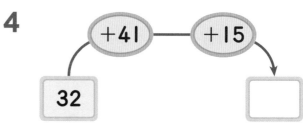

5
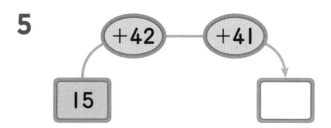

6
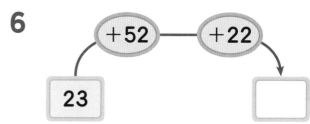

7
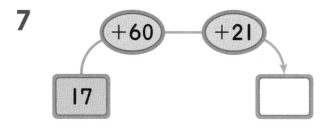

8
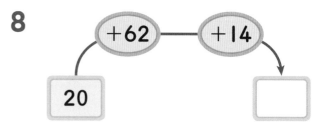

9
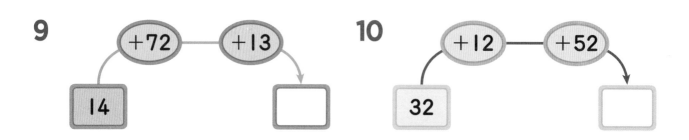

10

계산은 빠르고 정확하게!

걸린 시간	1~8분	8~12분	12~16분
맞은 개수	19~20개	16~18개	1~15개
평가	참 잘했어요.	잘했어요.	좀더 노력해요.

🕐 빈 곳에 알맞은 수를 써넣으시오. (11 ~ 20)

11

12

13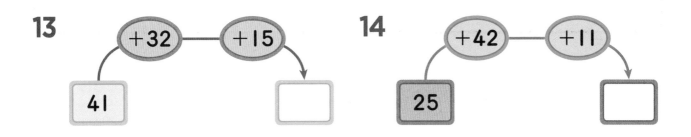

14

15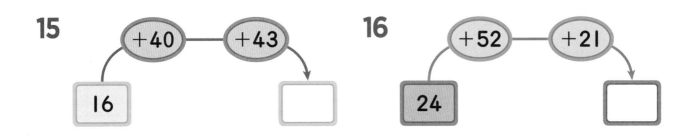

16

17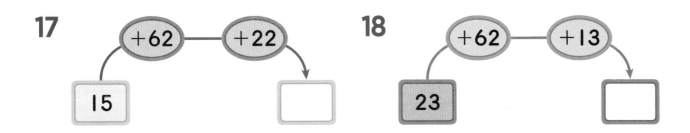

18

19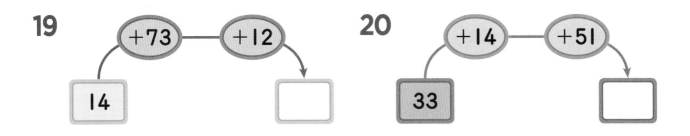

20

2 빼고 빼기 (1)

✨ 69-24-12의 계산

$$69-24-12=33$$
① → 45
② → 33

$$69-24-12=33$$

```
  6 9        4 5
- 2 4      - 1 2
  4 5        3 3
```

앞에서부터 두 수씩 차례로 계산합니다.

⏰ □ 안에 알맞은 수를 써넣으시오. **(1~6)**

1 57-12-23= □
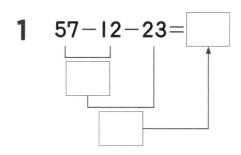

2 65-32-13= □
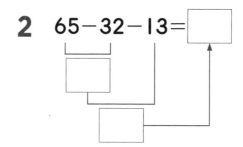

3 48-15-22= □

4 76-33-21= □
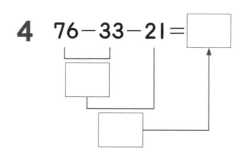

5 89-12-53= □

6 98-33-42= □
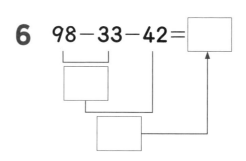

⏰ □ 안에 알맞은 수를 써넣으시오. (7 ~ 14)

7 46−12−23= □ ←

$$\begin{array}{r} 4\ 6 \\ -\ 1\ 2 \\ \hline \square \end{array}$$ → □ − 2 3 □

8 57−14−23= □ ←

$$\begin{array}{r} 5\ 7 \\ -\ 1\ 4 \\ \hline \square \end{array}$$ → □ − 2 3 □

9 68−32−15= □ ←

$$\begin{array}{r} 6\ 8 \\ -\ 3\ 2 \\ \hline \square \end{array}$$ → □ − 1 5 □

10 79−22−25= □ ←

$$\begin{array}{r} 7\ 9 \\ -\ 2\ 2 \\ \hline \square \end{array}$$ → □ − 2 5 □

11 86−24−31= □ ←

$$\begin{array}{r} 8\ 6 \\ -\ 2\ 4 \\ \hline \square \end{array}$$ → □ − 3 1 □

12 97−12−23= □ ←

$$\begin{array}{r} 9\ 7 \\ -\ 1\ 2 \\ \hline \square \end{array}$$ → □ − 2 3 □

13 77−20−14= □ ←

$$\begin{array}{r} 7\ 7 \\ -\ 2\ 0 \\ \hline \square \end{array}$$ → □ − 1 4 □

14 89−13−33= □ ←

$$\begin{array}{r} 8\ 9 \\ -\ 1\ 3 \\ \hline \square \end{array}$$ → □ − 3 3 □

2 빼고 빼기 (2)

학습 날짜

월 일

⏰ 빈 곳에 알맞은 수를 써넣으시오. (1 ~ 10)

1 37 → −12 → −14 → ☐

2 46 → −13 → −20 → ☐

3 58 → −13 → −21 → ☐

4 67 → −21 → −24 → ☐

5 79 → −24 → −12 → ☐

6 88 → −15 → −41 → ☐

7 98 → −12 → −34 → ☐

8 77 → −23 → −24 → ☐

9 86 → −23 → −23 → ☐

10 95 → −14 → −30 → ☐

⏰ 빈 곳에 알맞은 수를 써넣으시오. (11 ~ 20)

11

12

13

14

15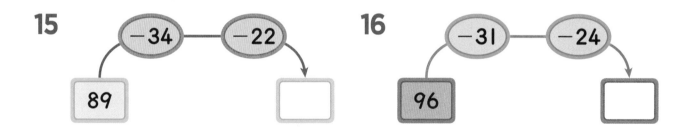

16

17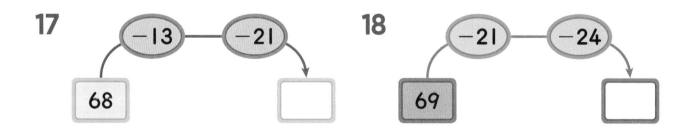

18

19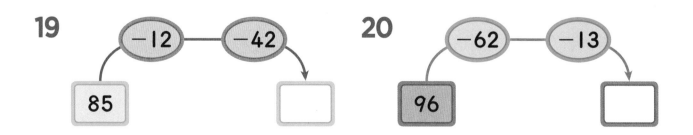

20

3 더하고 빼기(1)

⭐ 32+24−13의 계산

$$32+24-13=43$$

①
56
②
43

$$32+24-13=43 ←$$

```
  3 2        5 6
+ 2 4      − 1 3
  5 6        4 3
```

앞에서부터 두 수씩 차례로 계산합니다.

⏰ □ 안에 알맞은 수를 써넣으시오. (1~6)

1 12+46−24=□

2 23+32−14=□

3 35+42−23=□

4 42+26−34=□

5 54+25−36=□

6 65+23−36=□

⏰ □ 안에 알맞은 수를 써넣으시오. (7 ~ 14)

7 $43+15-27=$ □

$$\begin{array}{r} 4\ 3 \\ +\ 1\ 5 \\ \hline \end{array}$$

$$\begin{array}{r} \\ -\ 2\ 7 \\ \hline \end{array}$$

8 $36+31-45=$ □

$$\begin{array}{r} 3\ 6 \\ +\ 3\ 1 \\ \hline \end{array}$$

$$\begin{array}{r} \\ -\ 4\ 5 \\ \hline \end{array}$$

9 $52+37-41=$ □

$$\begin{array}{r} 5\ 2 \\ +\ 3\ 7 \\ \hline \end{array}$$

$$\begin{array}{r} \\ -\ 4\ 1 \\ \hline \end{array}$$

10 $25+53-37=$ □

$$\begin{array}{r} 2\ 5 \\ +\ 5\ 3 \\ \hline \end{array}$$

$$\begin{array}{r} \\ -\ 3\ 7 \\ \hline \end{array}$$

11 $34+25-17=$ □

$$\begin{array}{r} 3\ 4 \\ +\ 2\ 5 \\ \hline \end{array}$$

$$\begin{array}{r} \\ -\ 1\ 7 \\ \hline \end{array}$$

12 $63+25-41=$ □

$$\begin{array}{r} 6\ 3 \\ +\ 2\ 5 \\ \hline \end{array}$$

$$\begin{array}{r} \\ -\ 4\ 1 \\ \hline \end{array}$$

13 $71+26-82=$ □

$$\begin{array}{r} 7\ 1 \\ +\ 2\ 6 \\ \hline \end{array}$$

$$\begin{array}{r} \\ -\ 8\ 2 \\ \hline \end{array}$$

14 $53+46-72=$ □

$$\begin{array}{r} 5\ 3 \\ +\ 4\ 6 \\ \hline \end{array}$$

$$\begin{array}{r} \\ -\ 7\ 2 \\ \hline \end{array}$$

3 더하고 빼기 (2)

⏰ 빈 곳에 알맞은 수를 써넣으시오. (1 ~ 10)

1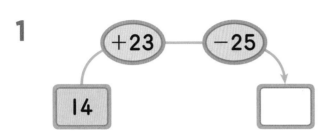

14 (+23) (−25) ☐

2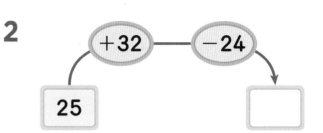

25 (+32) (−24) ☐

3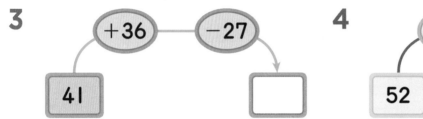

41 (+36) (−27) ☐

4

52 (+43) (−14) ☐

5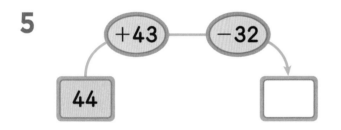

44 (+43) (−32) ☐

6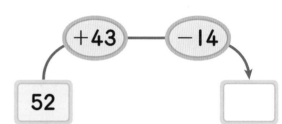

52 (+45) (−34) ☐

7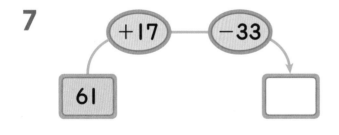

61 (+17) (−33) ☐

8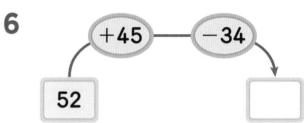

27 (+61) (−36) ☐

9

16 (+73) (−25) ☐

10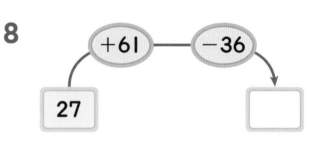

34 (+15) (−36) ☐

⏰ 빈 곳에 알맞은 수를 써넣으시오. (11 ~ 20)

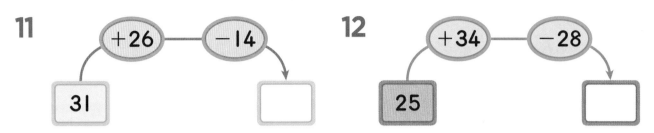

11 31 → +26 → −14 → ☐

12 25 → +34 → −28 → ☐

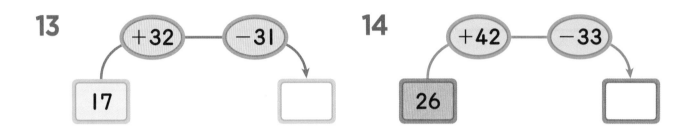

13 17 → +32 → −31 → ☐

14 26 → +42 → −33 → ☐

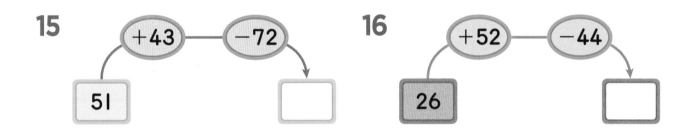

15 51 → +43 → −72 → ☐

16 26 → +52 → −44 → ☐

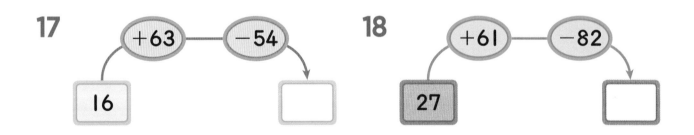

17 16 → +63 → −54 → ☐

18 27 → +61 → −82 → ☐

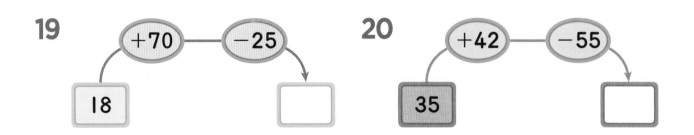

19 18 → +70 → −25 → ☐

20 35 → +42 → −55 → ☐

4 빼고 더하기 (1)

✿ 46−35+14의 계산

$$46-35+14=25$$
① ‖ ② 25

$$46-35+14=25$$

```
  4 6        1 1
− 3 5      + 1 4
─────      ─────
  1 1        2 5
```

앞에서부터 두 수씩 차례로 계산합니다.

⏰ □ 안에 알맞은 수를 써넣으시오. (1 ~ 6)

1 $34-21+35=$ □

2 $45-33+52=$ □

3 $57-34+26=$ □

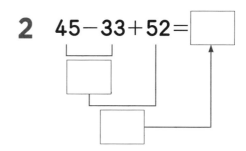

4 $66-25+17=$ □

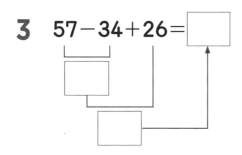

5 $72-50+43=$ □

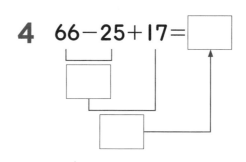

6 $86-32+25=$ □

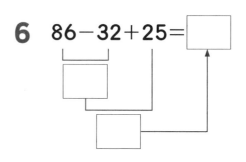

⏰ □ 안에 알맞은 수를 써넣으시오. (7 ~ 14)

7 $53-21+34=$ ☐

$$\begin{array}{r} 5\ 3 \\ -\ 2\ 1 \\ \hline \end{array} \qquad \begin{array}{r} \\ +\ 3\ 4 \\ \hline \end{array}$$

8 $47-35+26=$ ☐

$$\begin{array}{r} 4\ 7 \\ -\ 3\ 5 \\ \hline \end{array} \qquad \begin{array}{r} \\ +\ 2\ 6 \\ \hline \end{array}$$

9 $65-32+43=$ ☐

$$\begin{array}{r} 6\ 5 \\ -\ 3\ 2 \\ \hline \end{array} \qquad \begin{array}{r} \\ +\ 4\ 3 \\ \hline \end{array}$$

10 $74-44+59=$ ☐

$$\begin{array}{r} 7\ 4 \\ -\ 4\ 4 \\ \hline \end{array} \qquad \begin{array}{r} \\ +\ 5\ 9 \\ \hline \end{array}$$

11 $86-32+41=$ ☐

$$\begin{array}{r} 8\ 6 \\ -\ 3\ 2 \\ \hline \end{array} \qquad \begin{array}{r} \\ +\ 4\ 1 \\ \hline \end{array}$$

12 $97-42+23=$ ☐

$$\begin{array}{r} 9\ 7 \\ -\ 4\ 2 \\ \hline \end{array} \qquad \begin{array}{r} \\ +\ 2\ 3 \\ \hline \end{array}$$

13 $78-36+27=$ ☐

$$\begin{array}{r} 7\ 8 \\ -\ 3\ 6 \\ \hline \end{array} \qquad \begin{array}{r} \\ +\ 2\ 7 \\ \hline \end{array}$$

14 $89-45+24=$ ☐

$$\begin{array}{r} 8\ 9 \\ -\ 4\ 5 \\ \hline \end{array} \qquad \begin{array}{r} \\ +\ 2\ 4 \\ \hline \end{array}$$

4 빼고 더하기 (2)

⏰ 빈 곳에 알맞은 수를 써넣으시오. (1 ~ 10)

1 34 ── ⊖−22 ── ⊕+45 → ☐

2 27 ── ⊖−13 ── ⊕+35 → ☐

3 39 ── ⊖−15 ── ⊕+52 → ☐

4 43 ── ⊖−13 ── ⊕+56 → ☐

5 49 ── ⊖−37 ── ⊕+44 → ☐

6 52 ── ⊖−41 ── ⊕+27 → ☐

7 56 ── ⊖−32 ── ⊕+24 → ☐

8 62 ── ⊖−22 ── ⊕+43 → ☐

9 67 ── ⊖−53 ── ⊕+45 → ☐

10 73 ── ⊖−12 ── ⊕+35 → ☐

계산은 빠르고 정확하게!

걸린 시간	1~8분	8~10분	10~12분
맞은 개수	19~20개	16~18개	1~15개
평가	참 잘했어요.	잘했어요.	좀더 노력해요.

⏰ 빈 곳에 알맞은 수를 써넣으시오. (11 ~ 20)

11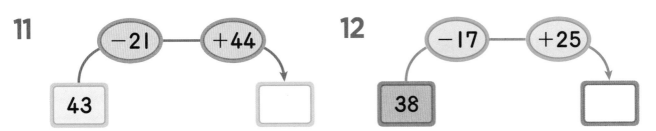

12

13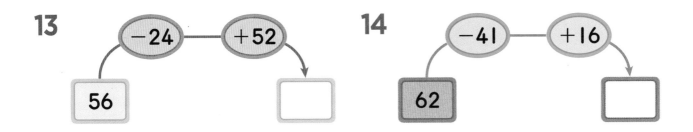

14

15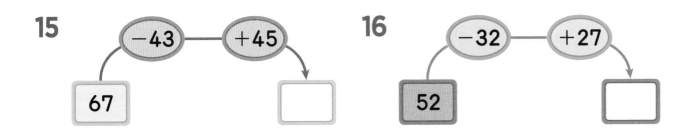

16

17

18

19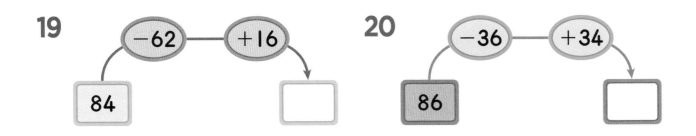

20

5 신기한 연산

⏰ 주어진 수를 ☐ 안에 한 번씩 써넣어 계산 결과가 가장 큰 계산식을 만들고, 그 계산 값을 ○ 안에 써넣으시오. **(1~6)**

1

☐ + ☐ − ☐ = ○

2

☐ + ☐ − ☐ = ○

3

☐ + ☐ − ☐ = ○

4

☐ − ☐ + ☐ = ○

5

☐ − ☐ + ☐ = ○

6

☐ − ☐ + ☐ = ○

계산은 빠르고 정확하게!

걸린 시간	1~12분	12~16분	16~20분
맞은 개수	10~11개	7~9개	1~6개
평가	참 잘했어요.	잘했어요.	좀더 노력해요.

⏰ 주어진 조건을 보고 도형이 나타내는 수를 구하시오. (단, 같은 도형은 같은 수를 나타냅니다.) (7 ~ 11)

7

$14 + \triangle + \triangle = 76$　　$\triangle + 11 = \blacksquare$　　$\blacksquare + 25 + 21 = \bigcirc$

$\bigcirc = \boxed{}$

8

$13 + \bigcirc + \bigcirc = 59$　　$\bigcirc + 15 = \triangle$　　$\triangle + 10 + 21 = \blacksquare$

$\blacksquare = \boxed{}$

9

$16 + \blacksquare + \blacksquare = 98$　　$17 + \blacksquare = \bigcirc$　　$\bigcirc - 14 - 24 = \triangle$

$\triangle = \boxed{}$

10

$46 - \blacksquare - \blacksquare = 22$　　$\blacksquare + 13 = \triangle$　　$\triangle + 21 + 43 = \bigcirc$

$\bigcirc = \boxed{}$

11

$55 - \bigcirc - \bigcirc = 11$　　$16 + \bigcirc = \blacksquare$　　$\blacksquare - 15 - 10 = \triangle$

$\triangle = \boxed{}$

□ 안에 알맞은 수를 써넣으시오. (1~8)

1 32＋24＋12＝ ☐

2 51＋23＋15＝ ☐

3 43＋22＋33＝ ☐

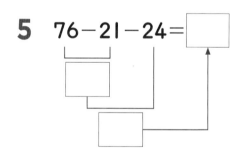

4 25＋31＋22＝ ☐

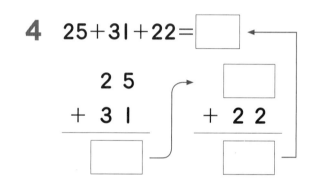

5 76－21－24＝ ☐

6 87－43－32＝ ☐

7 68－13－42＝ ☐

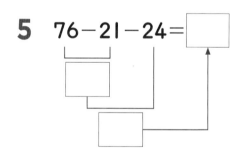

8 99－26－41＝ ☐

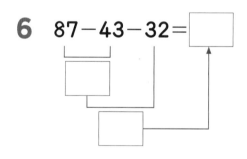

⏰ □ 안에 알맞은 수를 써넣으시오. (9 ~ 16)

9 42+25−34= □

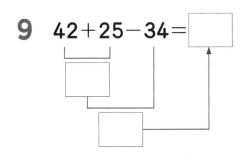

10 63+22−41= □

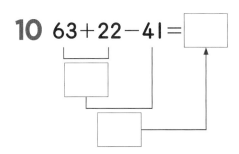

11 34+25−42= □ ←

$$\begin{array}{r} 3\ 4 \\ +\ 2\ 5 \\ \hline \quad \end{array}$$

$$\begin{array}{r} \quad \\ -\ 4\ 2 \\ \hline \quad \end{array}$$

12 56+33−62= □ ←

$$\begin{array}{r} 5\ 6 \\ +\ 3\ 3 \\ \hline \quad \end{array}$$

$$\begin{array}{r} \quad \\ -\ 6\ 2 \\ \hline \quad \end{array}$$

13 68−25+32= □

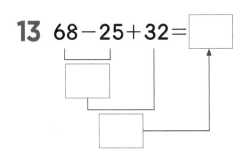

14 73−31+45= □

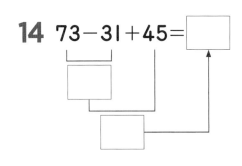

15 57−35+46= □ ←

$$\begin{array}{r} 5\ 7 \\ -\ 3\ 5 \\ \hline \quad \end{array}$$

$$\begin{array}{r} \quad \\ +\ 4\ 6 \\ \hline \quad \end{array}$$

16 89−54+43= □ ←

$$\begin{array}{r} 8\ 9 \\ -\ 5\ 4 \\ \hline \quad \end{array}$$

$$\begin{array}{r} \quad \\ +\ 4\ 3 \\ \hline \quad \end{array}$$

크라운을 도전하세요!

🕐 계산을 하시오. (17 ~ 32)

17 24+25+30=☐

18 16+21+32=☐

19 43+20+34=☐

20 52+15+22=☐

21 58−14−22=☐

22 76−24−30=☐

23 89−24−33=☐

24 98−13−42=☐

25 24+32−45=☐

26 36+42−53=☐

27 44+55−66=☐

28 53+25−34=☐

29 65−32+43=☐

30 74−52+36=☐

31 85−63+45=☐

32 94−51+24=☐

2

두 수의 덧셈과 뺄셈

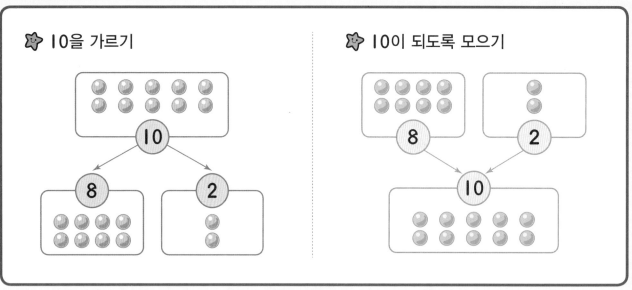

⭐ 10을 가르기

⭐ 10이 되도록 모으기

⏰ 10을 두 수로 가르려고 합니다. 빈 곳에 알맞은 수를 써넣으시오. (1~4)

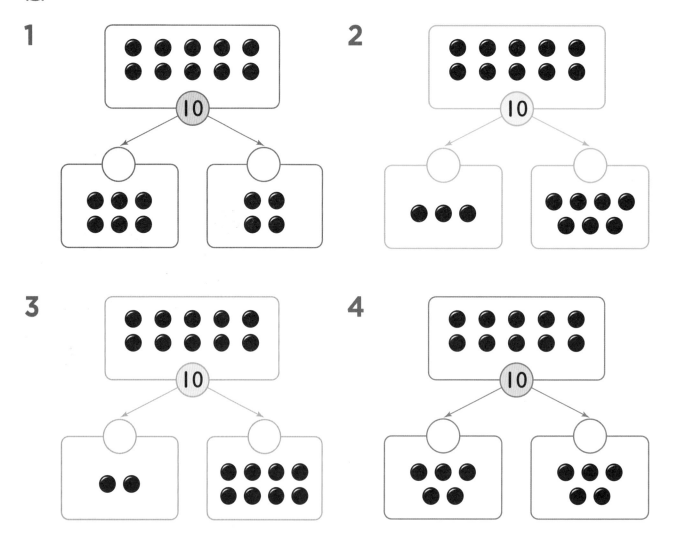

1

2

3

4

🕐 10을 두 수로 가르려고 합니다. 빈 곳에 알맞은 수를 써넣으시오. (5 ~ 19)

5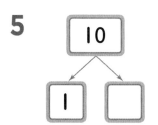

6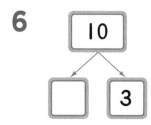

7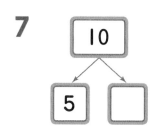

8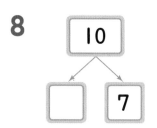

9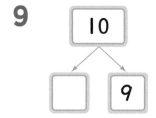

10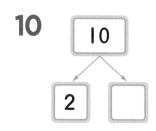

11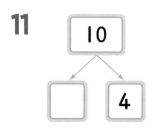

12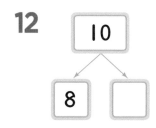

13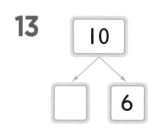

14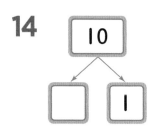

15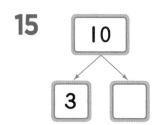

16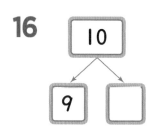

17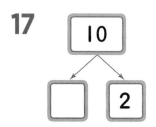

18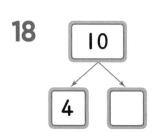

19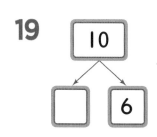

1 10을 두 수로 가르고 모으기(2)

⏰ 10이 되도록 두 수를 모으려고 합니다. 빈 곳에 알맞은 수를 써넣으시오. (1~6)

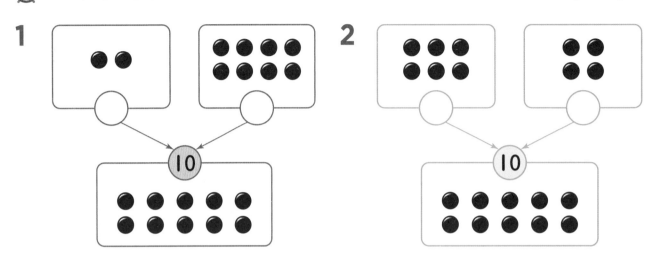

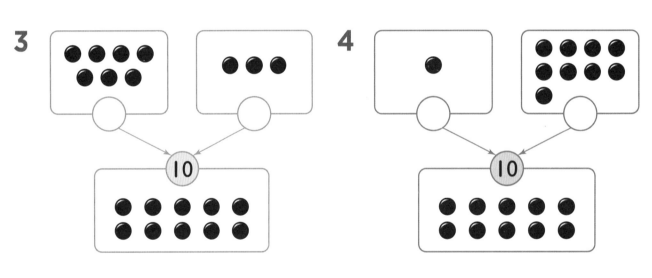

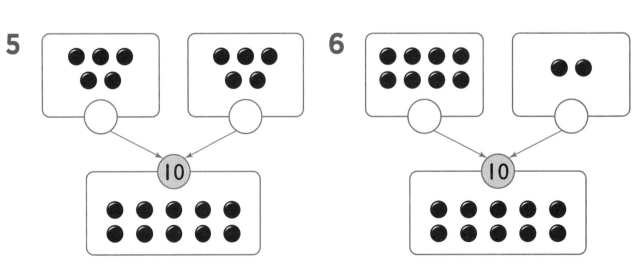

계산은 빠르고 정확하게!

걸린 시간	1~4분	4~6분	6~8분
맞은 개수	19~21개	14~18개	1~13개
평가	참 잘했어요.	잘했어요.	좀더 노력해요.

⏰ 10이 되도록 두 수를 모으려고 합니다. 빈 곳에 알맞은 수를 써넣으시오. (7~21)

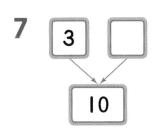

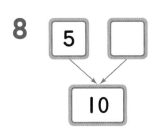

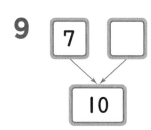

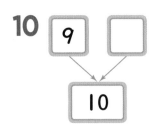

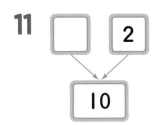

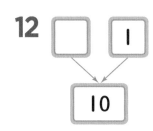

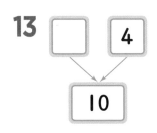

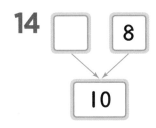

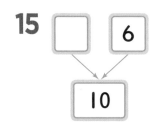

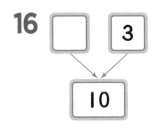

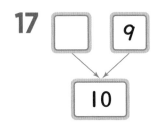

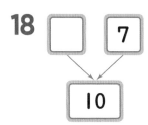

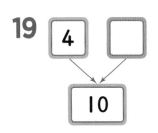

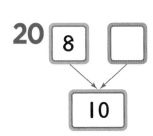

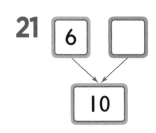

2 10을 세 수로 가르고 모으기(1)

학습 날짜

월
일

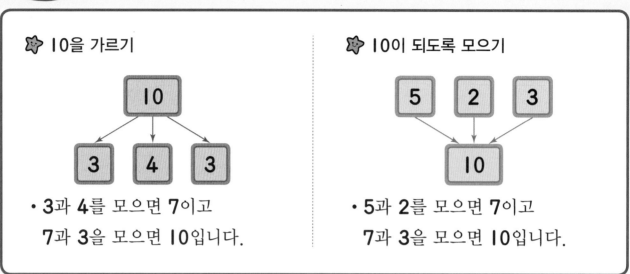

✿ 10을 가르기

10
↓ ↓ ↓
3 4 3

· 3과 4를 모으면 7이고
  7과 3을 모으면 10입니다.

✿ 10이 되도록 모으기

5 2 3
↓ ↓ ↓
10

· 5와 2를 모으면 7이고
  7과 3을 모으면 10입니다.

⏰ 10을 세 수로 가르려고 합니다. 빈 곳에 알맞은 수를 써넣으시오. (1~4)

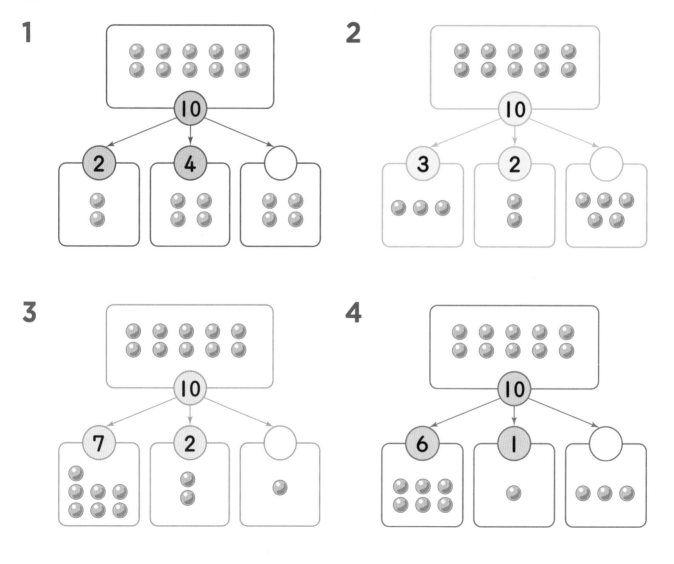

계산은 빠르고 정확하게!

걸린 시간	1~5분	5~8분	8~10분
맞은 개수	18~19개	14~17개	1~13개
평가	참 잘했어요.	잘했어요.	좀더 노력해요.

🕐 10을 세 수로 가르려고 합니다. 빈 곳에 알맞은 수를 써넣으시오. (5 ~ 19)

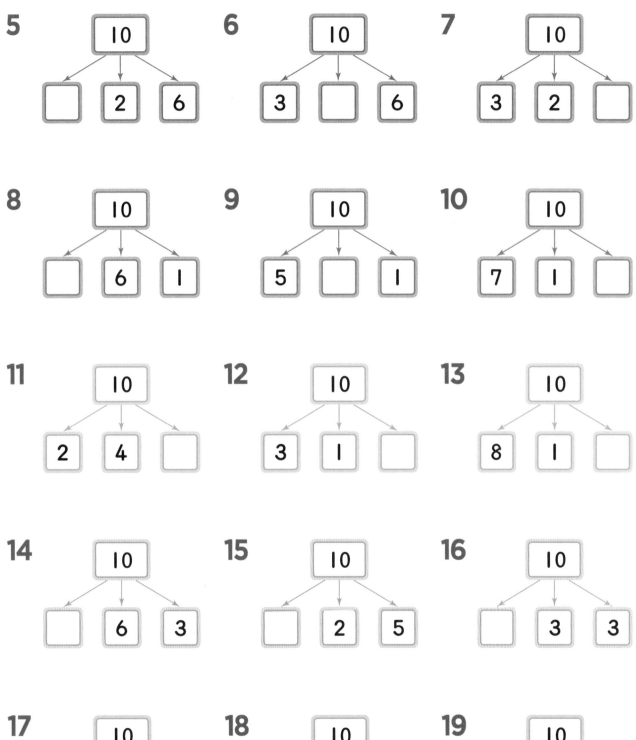

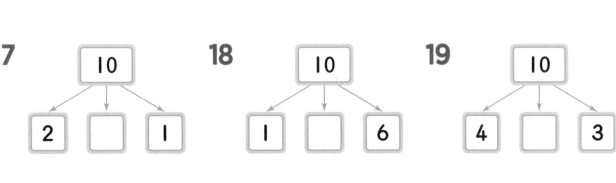

2 10을 세 수로 가르고 모으기(2)

⏰ 10이 되도록 세 수를 모으려고 합니다. 빈 곳에 알맞은 수를 써넣으시오. (1~6)

1
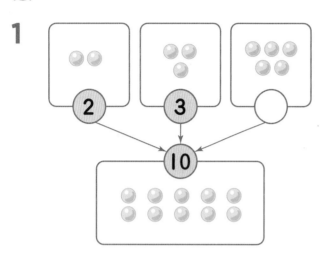

2
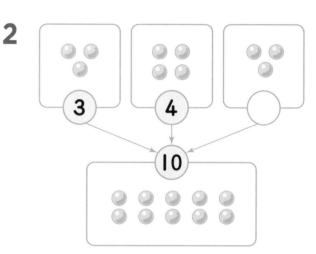

3
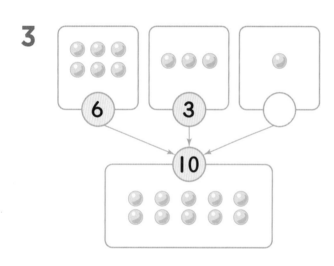

4
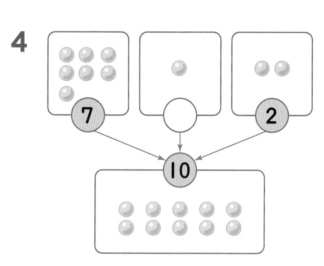

5
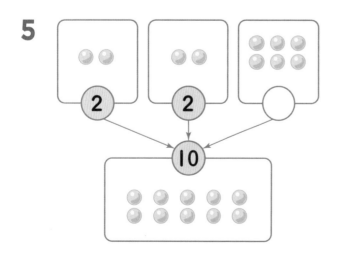

6
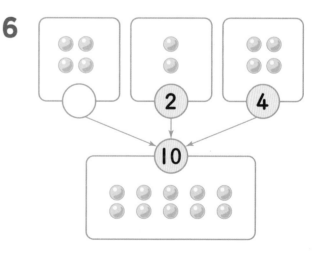

계산은 빠르고 정확하게!

걸린 시간	1~5분	5~8분	8~10분
맞은 개수	19~21개	14~18개	1~13개
평가	참 잘했어요.	잘했어요.	좀더 노력해요.

⏰ 10이 되도록 세 수를 모으려고 합니다. 빈 곳에 알맞은 수를 써넣으시오. (7~21)

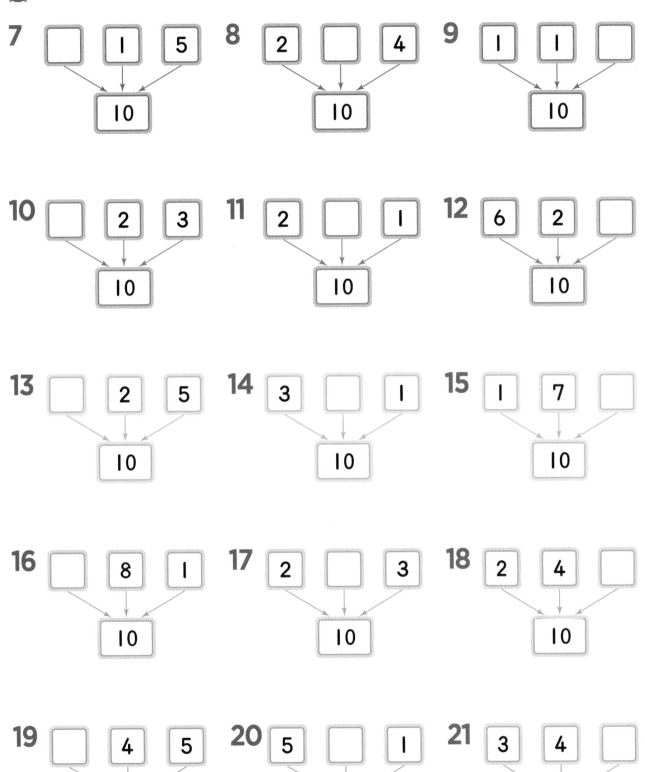

7 [ ] [1] [5] → [10]

8 [2] [ ] [4] → [10]

9 [1] [1] [ ] → [10]

10 [ ] [2] [3] → [10]

11 [2] [ ] [1] → [10]

12 [6] [2] [ ] → [10]

13 [ ] [2] [5] → [10]

14 [3] [ ] [1] → [10]

15 [1] [7] [ ] → [10]

16 [ ] [8] [1] → [10]

17 [2] [ ] [3] → [10]

18 [2] [4] [ ] → [10]

19 [ ] [4] [5] → [10]

20 [5] [ ] [1] → [10]

21 [3] [4] [ ] → [10]

10이 되는 더하기 (1)

더해서 10이 되는 두 수를 이용하여 □ 안에 알맞은 수를 구합니다.

(예)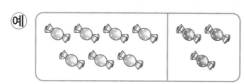

$$7 + 3 = \boxed{10}$$

7과 3을 더하면
10이 됩니다.

(예)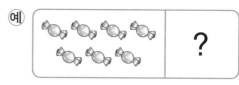

$$7 + \boxed{3} = 10$$

7과 더해서 10이 되는
수는 3입니다.

⏰ □ 안에 알맞은 수를 써넣으시오. (1~6)

1

$$5 + 5 = \boxed{}$$

2

$$8 + 2 = \boxed{}$$

3

$$4 + \boxed{} = 10$$

4

$$1 + \boxed{} = 10$$

5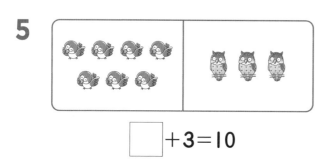

$$\boxed{} + 3 = 10$$

6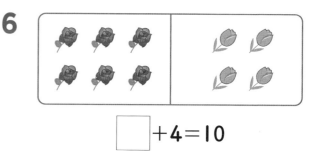

$$\boxed{} + 4 = 10$$

⏰ 10이 되도록 빈 곳에 ○를 그려 넣고 □ 안에 알맞은 수를 써넣으시오. (7~14)

7

$6+\boxed{}=10$

8

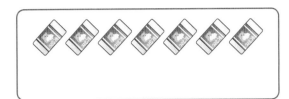

$7+\boxed{}=10$

9

$8+\boxed{}=10$

10

$9+\boxed{}=10$

11

$5+\boxed{}=10$

12

$3+\boxed{}=10$

13

$2+\boxed{}=10$

14

$4+\boxed{}=10$

⏰ □ 안에 알맞은 수를 써넣으시오. (1~18)

1 $2 + \square = 10$

2 $\square + 6 = 10$

3 $4 + \square = 10$

4 $\square + 1 = 10$

5 $6 + \square = 10$

6 $\square + 9 = 10$

7 $5 + \square = 10$

8 $\square + 7 = 10$

9 $9 + \square = 10$

10 $\square + 8 = 10$

11 $7 + \square = 10$

12 $\square + 4 = 10$

13 $8 + \square = 10$

14 $\square + 2 = 10$

15 $3 + \square = 10$

16 $\square + 5 = 10$

17 $1 + \square = 10$

18 $\square + 3 = 10$

□ 안에 알맞은 수를 써넣으시오. (19 ~ 36)

19 $3+7=\boxed{}$　　　　**20** $6+4=\boxed{}$

21 $2+\boxed{}=10$　　　　**22** $5+\boxed{}=10$

23 $\boxed{}+6=10$　　　　**24** $\boxed{}+3=10$

25 $8+2=\boxed{}$　　　　**26** $9+1=\boxed{}$

27 $3+\boxed{}=10$　　　　**28** $4+\boxed{}=10$

29 $\boxed{}+4=10$　　　　**30** $\boxed{}+5=10$

31 $7+3=\boxed{}$　　　　**32** $4+6=\boxed{}$

33 $6+\boxed{}=10$　　　　**34** $7+\boxed{}=10$

35 $\boxed{}+2=10$　　　　**36** $\boxed{}+1=10$

4 10에서 빼기(1)

10에서 빼기를 이용하여 □ 안에 알맞은 수를 구합니다.

$$10-7=\boxed{3}$$

↑

10에서 7을 빼면
3이 됩니다.

$$10-\boxed{3}=7$$

↑

10에서 3을 빼면
7이 됩니다.

⏰ □ 안에 알맞은 수를 써넣으시오. (1~6)

1

$$10-3=\boxed{}$$

2

$$10-\boxed{}=5$$

3

$$10-7=\boxed{}$$

4

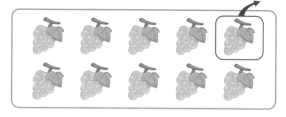

$$10-\boxed{}=9$$

5

$$10-4=\boxed{}$$

6

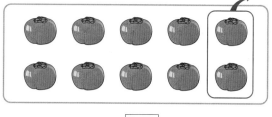

$$10-\boxed{}=8$$

계산은 빠르고 정확하게!

⏰ □ 안에 알맞은 수를 써넣으시오. (7 ~ 14)

7

$10 - 2 = \boxed{}$

8

$10 - \boxed{} = 5$

9

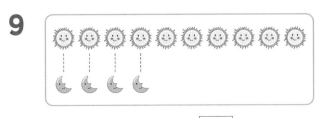

$10 - 4 = \boxed{}$

10

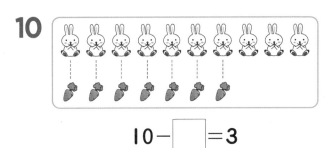

$10 - \boxed{} = 3$

11

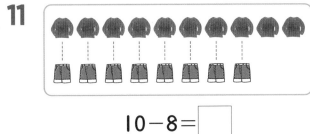

$10 - 8 = \boxed{}$

12

$10 - \boxed{} = 4$

13

$10 - 1 = \boxed{}$

14

$10 - \boxed{} = 7$

A-4 **43**

4 10에서 빼기(2)

⏰ □ 안에 알맞은 수를 써넣으시오. (1~10)

1

$10-2=\boxed{}$

2

$10-\boxed{}=3$

3

$10-5=\boxed{}$

4

$10-\boxed{}=6$

5

$10-4=\boxed{}$

6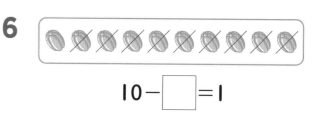

$10-\boxed{}=1$

7

$10-7=\boxed{}$

8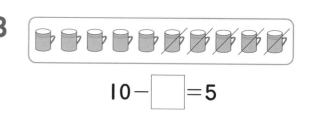

$10-\boxed{}=5$

9

$10-1=\boxed{}$

10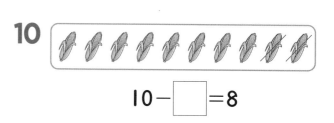

$10-\boxed{}=8$

계산은 빠르고 정확하게!

걸린 시간	1~6분	6~8분	8~10분
맞은 개수	26~28개	20~25개	1~19개
평가	참 잘했어요.	잘했어요.	좀더 노력해요.

□ 안에 알맞은 수를 써넣으시오. (11 ~ 28)

11 10−1=□

12 10−□=8

13 10−3=□

14 10−□=6

15 10−5=□

16 10−□=4

17 10−7=□

18 10−□=2

19 10−9=□

20 10−□=9

21 10−2=□

22 10−□=7

23 10−4=□

24 10−□=5

25 10−6=□

26 10−□=3

27 10−8=□

28 10−□=1

5 10을 만들어 더하기(1)

합이 10이 되는 두 수를 먼저 더한 뒤 나머지 수를 더합니다.

㉠ 6+4+3   ㉠ 4+7+3   ㉠ 8+5+2

10+3=13   4+10=14   10+5=15

🕐 합이 10이 되는 두 수를 먼저 더한 후 나머지 수를 더하여 세 수의 합을 구하시오.

(1~8)

1   2 + 8 + 4

☐ + 4 = ☐

2   5 + 4 + 6

5 + ☐ = ☐

3   3 + 7 + 3

☐ + 3 = ☐

4   4 + 6 + 4

4 + ☐ = ☐

5   8 + 2 + 9

☐ + 9 = ☐

6   8 + 5 + 5

8 + ☐ = ☐

7   4 + 2 + 6

☐ + 2 = ☐

8   9 + 7 + 1

☐ + 7 = ☐

⏰ 합이 10이 되는 두 수를 ⬭로 묶고, 세 수의 합을 구하시오. (9~20)

9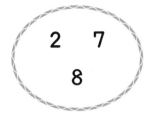

$2+8+7=\boxed{}$

10

$6+1+9=\boxed{}$

11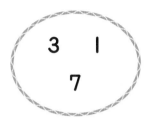

$3+7+1=\boxed{}$

12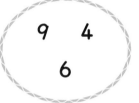

$9+4+6=\boxed{}$

13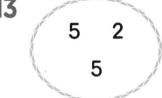

$5+5+2=\boxed{}$

14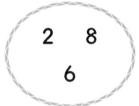

$2+6+8=\boxed{}$

15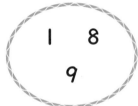

$1+8+9=\boxed{}$

16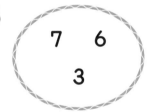

$7+3+6=\boxed{}$

17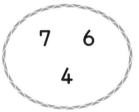

$7+4+6=\boxed{}$

18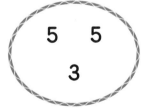

$5+3+5=\boxed{}$

19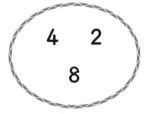

$4+8+2=\boxed{}$

20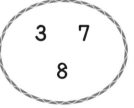

$3+7+8=\boxed{}$

10을 만들어 더하기(2)

⏰ 빈 곳에 세 수의 합을 써넣으시오. (1~10)

1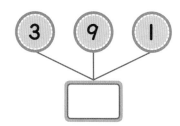

2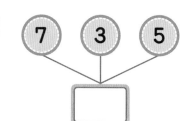

3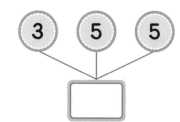

4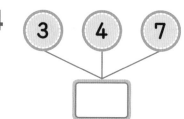

5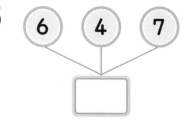

6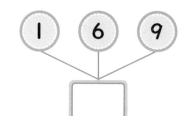

7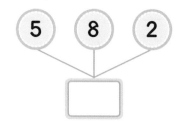

8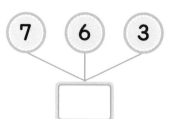

9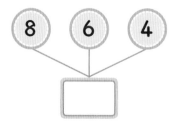

10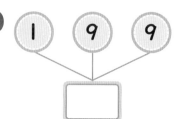

계산은 빠르고 정확하게!

걸린 시간	1~5분	5~7분	7~10분
맞은 개수	19~20개	16~18개	1~15개
평가	참 잘했어요.	잘했어요.	좀더 노력해요.

빈 곳에 세 수의 합을 써넣으시오. (11 ~ 20)

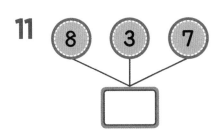

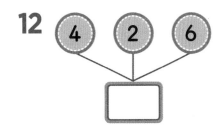

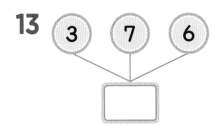

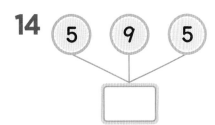

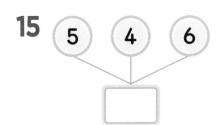

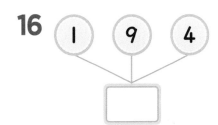

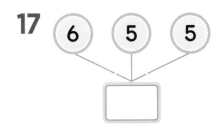

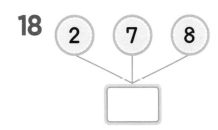

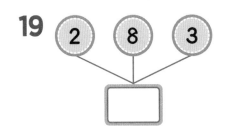

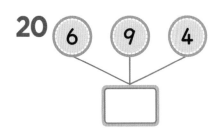

⏰ 계산을 하시오. (1~20)

1 8+2+3=☐

2 7+4+3=☐

3 6+5+5=☐

4 9+1+4=☐

5 6+5+4=☐

6 4+2+8=☐

7 3+7+2=☐

8 2+6+8=☐

9 4+4+6=☐

10 2+8+5=☐

11 9+1+8=☐

12 8+7+2=☐

13 3+7+7=☐

14 6+6+4=☐

15 8+2+8=☐

16 1+6+9=☐

17 6+4+9=☐

18 7+6+3=☐

19 2+5+8=☐

20 3+7+8=☐

⏰ □ 안에 알맞은 수를 써넣으시오. (21 ~ 40)

21 $3+\boxed{}+5=15$

22 $4+6+\boxed{}=17$

23 $\boxed{}+4+3=13$

24 $3+\boxed{}+6=16$

25 $7+4+\boxed{}=14$

26 $\boxed{}+5+2=12$

27 $8+\boxed{}+7=17$

28 $9+3+\boxed{}=13$

29 $\boxed{}+2+5=15$

30 $7+\boxed{}+3=11$

31 $6+7+\boxed{}=16$

32 $\boxed{}+8+4=14$

33 $9+\boxed{}+2=19$

34 $6+8+\boxed{}=18$

35 $\boxed{}+4+6=16$

36 $3+\boxed{}+7=14$

37 $5+7+\boxed{}=15$

38 $\boxed{}+4+6=17$

39 $8+\boxed{}+2=14$

40 $2+6+\boxed{}=16$

6 받아올림이 있는 (몇)+(몇)(1)

⭐ 8+4의 계산

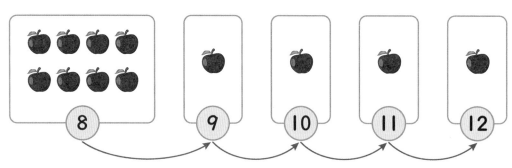

사과 **8**개에서 사과 **4**개를 이어서 세어 보면 모두 **12**개이므로
8+4=12입니다.

⏰ ☐ 안에 알맞은 수를 써넣으시오. (1~4)

1 ●●●●●●● + ○○○○○○

7+6=☐

2 ●●●●●●●●● + ○○○○

9+4=☐

3 ●●●●●●● + ○○○○○

7+5=☐

4 ●●●●● + ○○○○○○○○

5+8=☐

⏰ 수직선을 보고 □ 안에 알맞은 수를 써넣으시오. (5~10)

5

$$7+4=\boxed{}$$

6

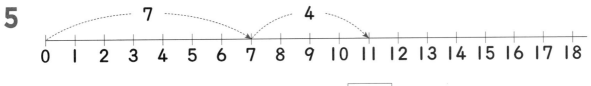

$$8+6=\boxed{}$$

7

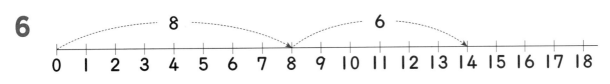

$$6+6=\boxed{}$$

8

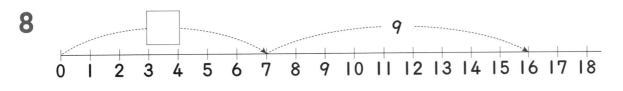

$$\boxed{}+9=\boxed{}$$

9

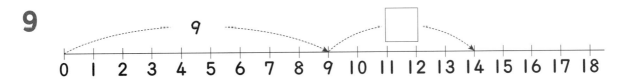

$$9+\boxed{}=\boxed{}$$

10

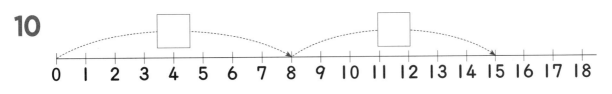

$$\boxed{}+\boxed{}=\boxed{}$$

학습 날짜

월
일

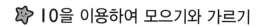

⭐ 10을 이용하여 모으기와 가르기

예

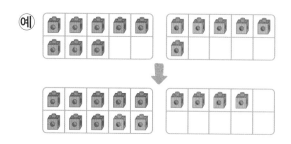

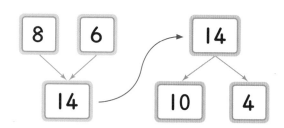

오른쪽 수판 6에서 왼쪽 수판으로 2를 옮겨서 10을 만들면 10과 4가 되어 14가 됩니다.

⏰ 그림을 보고 빈 곳에 알맞은 수를 써넣으시오. (1~3)

1

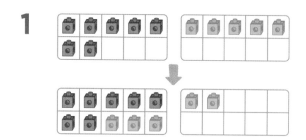

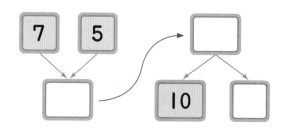

2

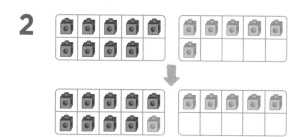

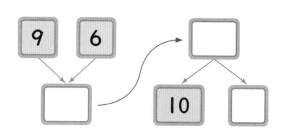

3

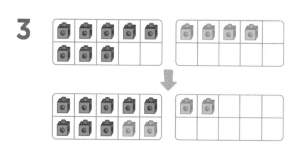

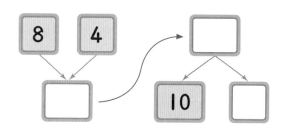

⏰ 그림을 보고 빈 곳에 알맞은 수를 써넣으시오. (4~8)

4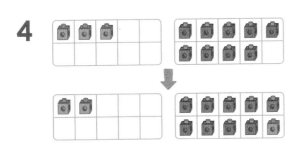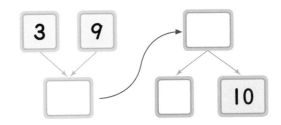

5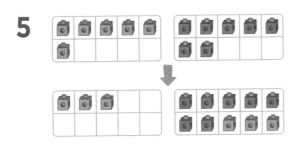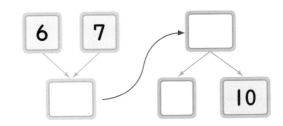

6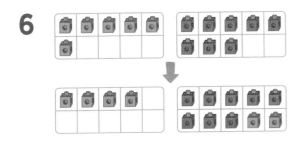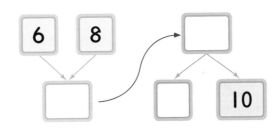

7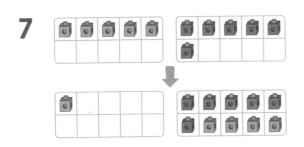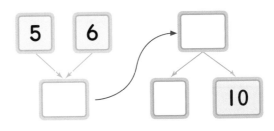

8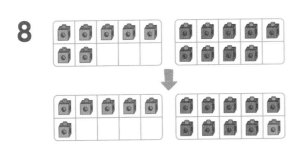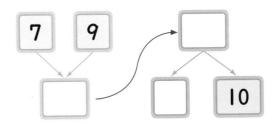

6 받아올림이 있는 (몇)+(몇)(3)

⏰ 빈 곳에 알맞은 수를 써넣으시오. (1~10)

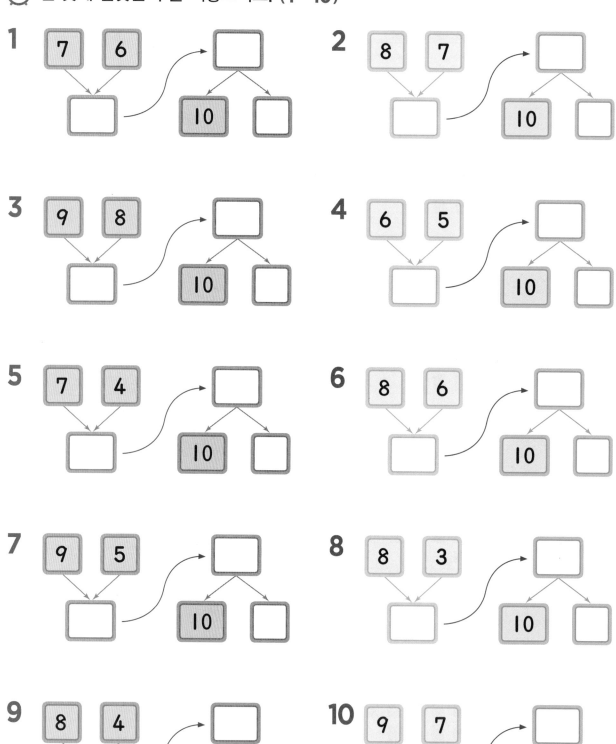

1   7   6   ☐
    ☐   10   ☐

2   8   7   ☐
    ☐   10   ☐

3   9   8   ☐
    ☐   10   ☐

4   6   5   ☐
    ☐   10   ☐

5   7   4   ☐
    ☐   10   ☐

6   8   6   ☐
    ☐   10   ☐

7   9   5   ☐
    ☐   10   ☐

8   8   3   ☐
    ☐   10   ☐

9   8   4   ☐
    ☐   10   ☐

10   9   7   ☐
     ☐   10   ☐

⏰ 빈 곳에 알맞은 수를 써넣으시오. (11 ~ 20)

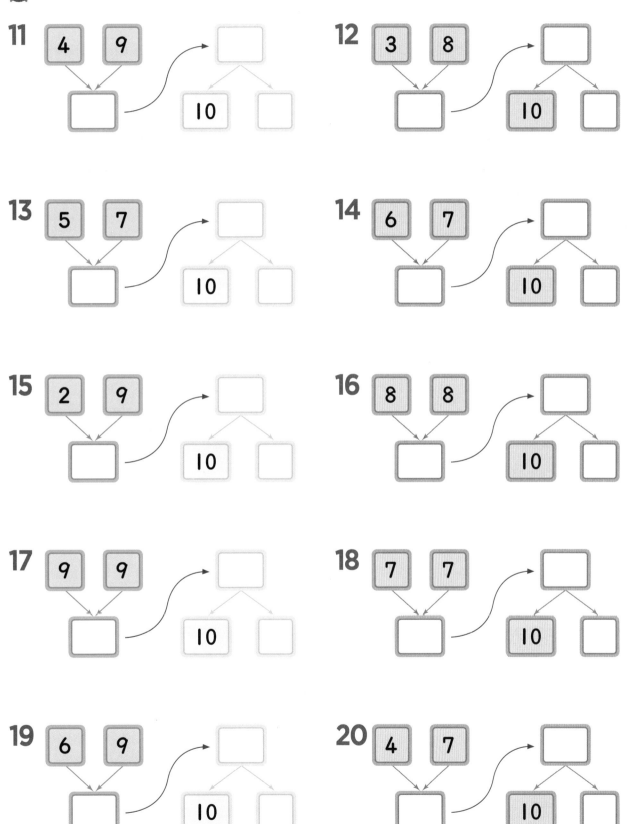

6 받아올림이 있는 (몇)+(몇)(4)

두 수 중에서 작은 수를 큰 수와 더해서 10이 되도록 가르기 하여 계산합니다.

예 8 + 6
①
8 + 2 + 4
②
10 + 4 = 14

8과 더해서 10이 되는 수는 2이므로 6을 2와 4로 가르기 합니다.

예 5 + 7
①
2 + 3 + 7
②
2 + 10 = 12

7과 더해서 10이 되는 수는 3이므로 5를 2와 3으로 가르기 합니다.

⏰ ☐ 안에 알맞은 수를 써넣으시오. (1~6)

1   7 + 4

7 + ☐ + 1

10 + 1 = ☐

2   5 + 9

4 + ☐ + 9

4 + 10 = ☐

3   8 + 5

8 + ☐ + 3

10 + 3 = ☐

4   6 + 7

3 + ☐ + 7

3 + 10 = ☐

5   9 + 7

9 + ☐ + ☐

10 + ☐ = ☐

6   7 + 8

☐ + ☐ + 8

☐ + 10 = ☐

계산은 빠르고 정확하게!

걸린 시간	1~5분	5~8분	8~10분
맞은 개수	13~14개	10~12개	1~9개
평가	참 잘했어요.	잘했어요.	좀더 노력해요.

⏰ ☐ 안에 알맞은 수를 써넣으시오. (7 ~ 14)

7 6 + 5
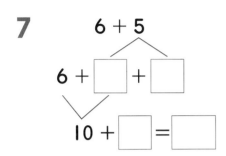

$$6 + \square + \square$$
$$10 + \square = \square$$

8 5 + 8
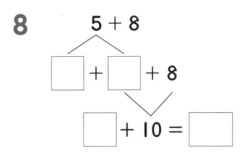

$$\square + \square + 8$$
$$\square + 10 = \square$$

9 8 + 6
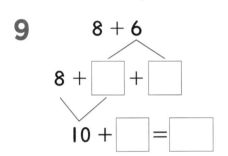

$$8 + \square + \square$$
$$10 + \square = \square$$

10 6 + 9
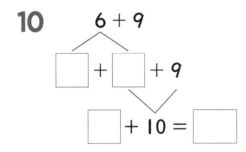

$$\square + \square + 9$$
$$\square + 10 = \square$$

11 9 + 8
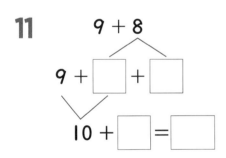

$$9 + \square + \square$$
$$10 + \square = \square$$

12 4 + 8
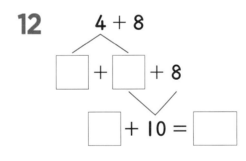

$$\square + \square + 8$$
$$\square + 10 = \square$$

13 7 + 7
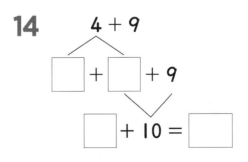

$$7 + \square + \square$$
$$10 + \square = \square$$

14 4 + 9

$$\square + \square + 9$$
$$\square + 10 = \square$$

6 받아올림이 있는 (몇)+(몇)(5)

⏰ 빈 곳에 알맞은 수를 써넣으시오. (1~10)

1
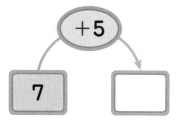

2
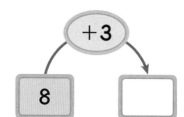

3
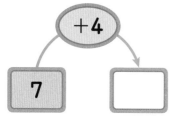

4
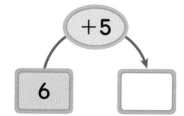

5
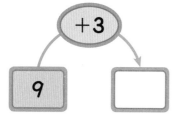

6
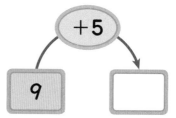

7
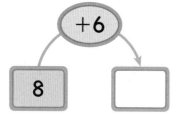

8
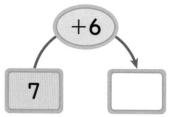

9
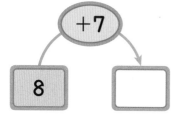

10
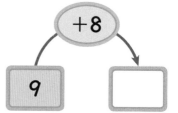

계산은 빠르고 정확하게!

걸린 시간	1~6분	6~9분	9~12분
맞은 개수	19~20개	16~18개	1~15개
평가	참 잘했어요.	잘했어요.	좀더 노력해요.

⏰ 빈 곳에 알맞은 수를 써넣으시오. (11 ~ 20)

11
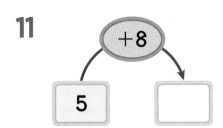

12
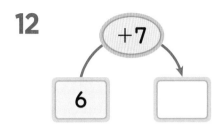

13
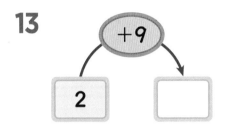

14
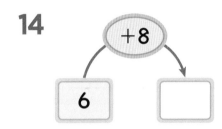

15
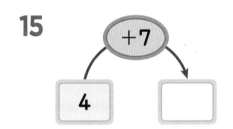

16
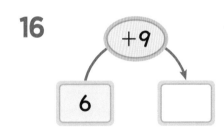

17
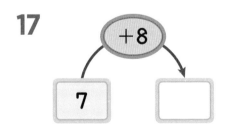

18
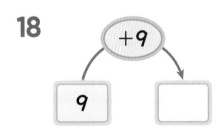

19
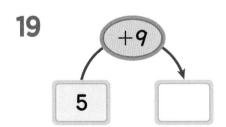

20
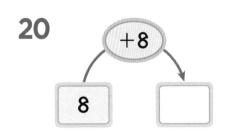

7

받아내림이 있는 (십몇)-(몇)(1)

⭐ **뒤의 수를 가르는 뺄셈**

뒤의 수를 앞의 수에서 빼었을 때 10이 되도록 가르기 하여 계산합니다.

(예) 　　15 − 7　　15에서 5를 빼면
　　　　①╱╲　←　10이 되므로 7을
　　15 − 5 − 2　5와 2로 가르기
　②╱╲　　　　　합니다.
　10 − 2 = 8

⭐ **앞의 수를 가르는 뺄셈**

앞의 수를 십과 몇으로 가르기 한 후 10에서 뒤의 수를 먼저 빼어 계산합니다.

(예) 　　15 − 7　　15를 10과
　　　　╱╲①　←　5로 가르기
　10 − 7 + 5　합니다.
　②╲╱
　　3 + 5 = 8

⏰ □ 안에 알맞은 수를 써넣으시오. (1~6)

1　13 − 7
13 − 3 − 4
□ − 4 = □

2　11 − 8
11 − 1 − 7
□ − 7 = □

3　14 − 6
14 − 4 − 2
□ − 2 = □

4　12 − 7
12 − 2 − 5
□ − 5 = □

5　15 − 8
15 − 5 − 3
□ − 3 = □

6　12 − 6
12 − 2 − 4
□ − 4 = □

계산은 빠르고 정확하게!

⏰ ☐ 안에 알맞은 수를 써넣으시오. (7 ~ 16)

7 $13 - 4$

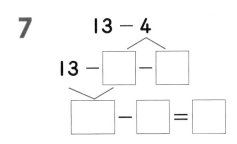

8 $11 - 2$

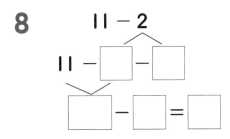

9 $14 - 7$

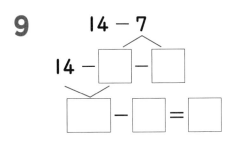

10 $13 - 5$

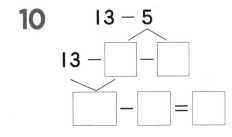

11 $15 - 6$

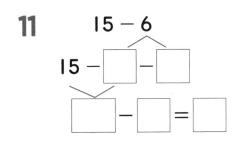

12 $14 - 5$

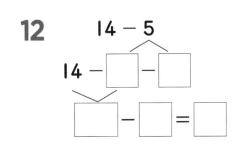

13 $16 - 8$

14 $15 - 9$

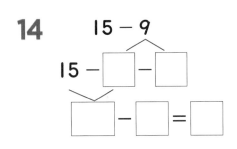

15 $17 - 9$

16 $16 - 9$

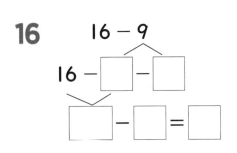

7 받아내림이 있는 (십몇)−(몇)(2)

⏰ ☐ 안에 알맞은 수를 써넣으시오. (1~10)

1
$$12 - 3$$
$$10 - 3 + 2$$
☐ + 2 = ☐

2
$$13 - 5$$
$$10 - 5 + 3$$
☐ + 3 = ☐

3
$$14 - 5$$
$$10 - 5 + 4$$
☐ + 4 = ☐

4
$$15 - 8$$
$$10 - 8 + 5$$
☐ + 5 = ☐

5
$$16 - 9$$
$$10 - 9 + 6$$
☐ + 6 = ☐

6
$$12 - 7$$
$$10 - 7 + 2$$
☐ + 2 = ☐

7
$$13 - 8$$
$$10 - 8 + 3$$
☐ + 3 = ☐

8
$$14 - 6$$
$$10 - 6 + 4$$
☐ + 4 = ☐

9
$$16 - 8$$
$$10 - 8 + 6$$
☐ + 6 = ☐

10
$$15 - 9$$
$$10 - 9 + 5$$
☐ + 5 = ☐

계산은 빠르고 정확하게!

걸린 시간	1~6분	6~9분	9~12분
맞은 개수	18~20개	14~17개	1~13개
평가	참 잘했어요.	잘했어요.	좀더 노력해요.

🕐 □ 안에 알맞은 수를 써넣으시오. (11 ~ 20)

11   12 − 6

10 − 6 + □

□ + □ = □

12   11 − 4

10 − 4 + □

□ + □ = □

13   17 − 8

10 − 8 + □

□ + □ = □

14   15 − 7

10 − 7 + □

□ + □ = □

15   14 − 9

10 − □ + □

□ + □ = □

16   12 − 5

10 − □ + □

□ + □ = □

17   16 − 7

10 − □ + □

□ + □ = □

18   14 − 8

10 − □ + □

□ + □ = □

19   17 − 9

10 − □ + □

□ + □ = □

20   13 − 7

10 − □ + □

□ + □ = □

⏰ 계산을 하시오. (1~20)

1 11−7=☐

2 12−5=☐

3 13−4=☐

4 14−9=☐

5 15−8=☐

6 16−7=☐

7 11−6=☐

8 12−4=☐

9 13−5=☐

10 14−8=☐

11 15−9=☐

12 16−8=☐

13 17−9=☐

14 11−5=☐

15 12−3=☐

16 13−6=☐

17 14−7=☐

18 15−6=☐

19 16−9=☐

20 17−8=☐

계산은 빠르고 정확하게!

걸린 시간	1~10분	10~12분	12~15분
맞은 개수	35~38개	27~34개	1~26개
평가	참 잘했어요.	잘했어요.	좀더 노력해요.

⏰ 계산을 하시오. (21~38)

21
$$\begin{array}{r} 1\ 2 \\ -\ \ \ 6 \\ \hline \end{array}$$

22
$$\begin{array}{r} 1\ 3 \\ -\ \ \ 7 \\ \hline \end{array}$$

23
$$\begin{array}{r} 1\ 4 \\ -\ \ \ 6 \\ \hline \end{array}$$

24
$$\begin{array}{r} 1\ 1 \\ -\ \ \ 9 \\ \hline \end{array}$$

25
$$\begin{array}{r} 1\ 2 \\ -\ \ \ 7 \\ \hline \end{array}$$

26
$$\begin{array}{r} 1\ 7 \\ -\ \ \ 8 \\ \hline \end{array}$$

27
$$\begin{array}{r} 1\ 8 \\ -\ \ \ 9 \\ \hline \end{array}$$

28
$$\begin{array}{r} 1\ 1 \\ -\ \ \ 4 \\ \hline \end{array}$$

29
$$\begin{array}{r} 1\ 2 \\ -\ \ \ 3 \\ \hline \end{array}$$

30
$$\begin{array}{r} 1\ 3 \\ -\ \ \ 8 \\ \hline \end{array}$$

31
$$\begin{array}{r} 1\ 4 \\ -\ \ \ 7 \\ \hline \end{array}$$

32
$$\begin{array}{r} 1\ 5 \\ -\ \ \ 6 \\ \hline \end{array}$$

33
$$\begin{array}{r} 1\ 1 \\ -\ \ \ 8 \\ \hline \end{array}$$

34
$$\begin{array}{r} 1\ 3 \\ -\ \ \ 9 \\ \hline \end{array}$$

35
$$\begin{array}{r} 1\ 4 \\ -\ \ \ 6 \\ \hline \end{array}$$

36
$$\begin{array}{r} 1\ 1 \\ -\ \ \ 2 \\ \hline \end{array}$$

37
$$\begin{array}{r} 1\ 4 \\ -\ \ \ 5 \\ \hline \end{array}$$

38
$$\begin{array}{r} 1\ 2 \\ -\ \ \ 9 \\ \hline \end{array}$$

7 받아내림이 있는 (십몇)−(몇)(4)

학습 날짜

월   일

⏰ 빈 곳에 알맞은 수를 써넣으시오. (1~10)

1
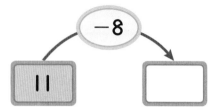

2
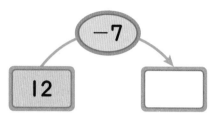

3
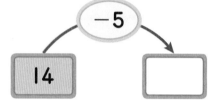

4
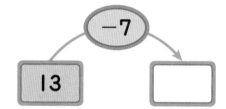

5
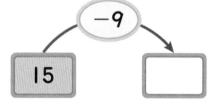

6
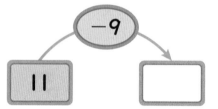

7
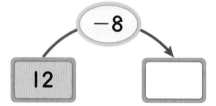

8
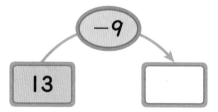

9
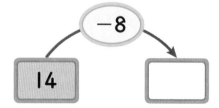

10
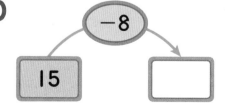

계산은 빠르고 정확하게!

걸린 시간	1~6분	6~9분	9~12분
맞은 개수	19~20개	14~18개	1~13개
평가	참 잘했어요.	잘했어요.	좀더 노력해요.

⏰ ☐ 안에 알맞은 수를 써넣으시오. (11 ~ 20)

11
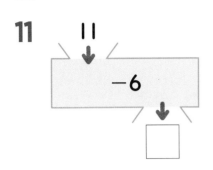

12
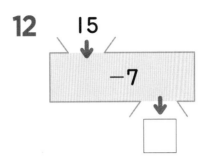

13
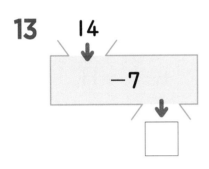

14
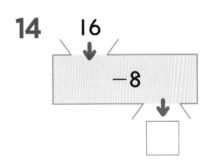

15
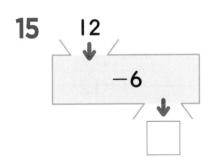

16
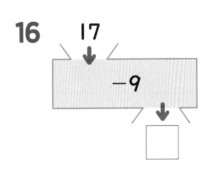

17
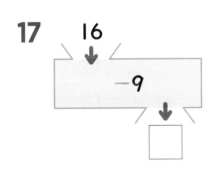

18
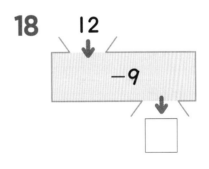

19
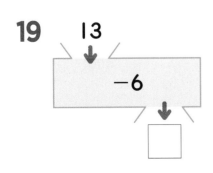

20
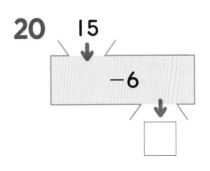

학습 날짜
월
일

⏰ 다음과 같이 **7**장의 숫자 카드가 있습니다. 이 중 **2**장을 골라 덧셈식을 만들려고 합니다. 물음에 답하시오. **(1~4)**

3 4 7 8 5 9 6

1 합이 **11**인 덧셈식을 모두 만들어 보시오.

☐ + ☐ =11   ☐ + ☐ =11   ☐ + ☐ =11

☐ + ☐ =11   ☐ + ☐ =11   ☐ + ☐ =11

2 합이 **12**인 덧셈식을 모두 만들어 보시오.

☐ + ☐ =12   ☐ + ☐ =12   ☐ + ☐ =12

☐ + ☐ =12   ☐ + ☐ =12   ☐ + ☐ =12

3 합이 **13**인 덧셈식을 모두 만들어 보시오.

☐ + ☐ =13   ☐ + ☐ =13   ☐ + ☐ =13

☐ + ☐ =13   ☐ + ☐ =13   ☐ + ☐ =13

4 합이 **14**인 덧셈식을 모두 만들어 보시오.

☐ + ☐ =14   ☐ + ☐ =14

☐ + ☐ =14   ☐ + ☐ =14

보기 와 같이 위쪽의 두 수의 차를 아래쪽 빈 곳에 써넣을 때 ☆에 알맞은 수를 구하시오. (5~13)

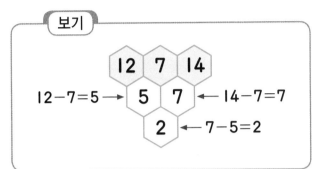

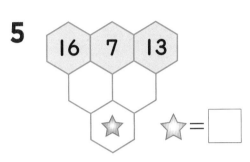

5 ☆=☐

6

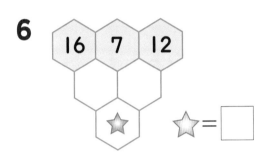

☆=☐

7

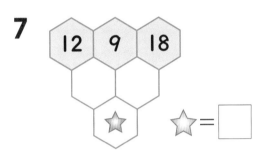

☆=☐

8

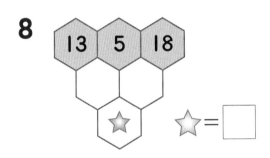

☆=☐

9

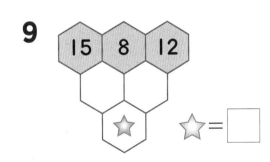

☆=☐

10

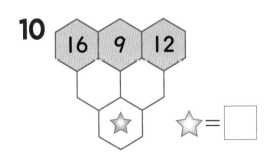

☆=☐

11

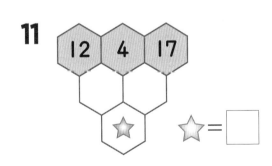

☆=☐

12

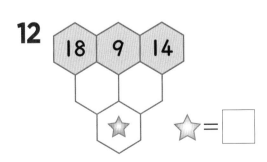

☆=☐

13

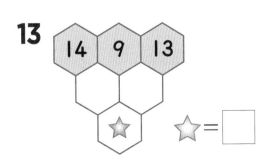

☆=☐

확인 평가

🕐 빈 곳에 알맞은 수를 써넣으시오. (1~12)

1
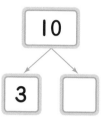

2
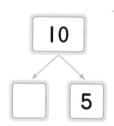

3
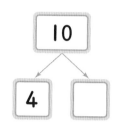

4
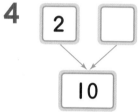

5
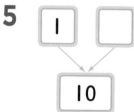

6
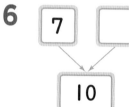

7
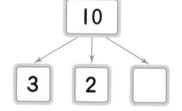

8
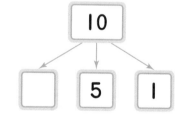

9
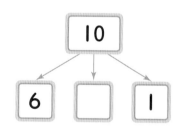

10
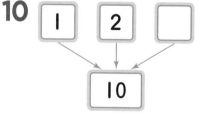

11
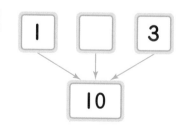

12
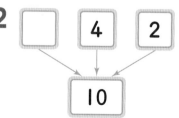

⏰ ☐ 안에 알맞은 수를 써넣으시오. (13 ~ 32)

13 $3 + \boxed{} = 10$

14 $6 + \boxed{} = 10$

15 $\boxed{} + 2 = 10$

16 $\boxed{} + 5 = 10$

17 $7 + \boxed{} = 10$

18 $8 + \boxed{} = 10$

19 $10 - 7 = \boxed{}$

20 $10 - 2 = \boxed{}$

21 $10 - \boxed{} = 4$

22 $10 - \boxed{} = 1$

23 $10 - \boxed{} = 6$

24 $10 - \boxed{} = 2$

25 $8 + 5 + 2 = \boxed{}$

26 $6 + 4 + 3 = \boxed{}$

27 $7 + 4 + 3 = \boxed{}$

28 $4 + 5 + 5 = \boxed{}$

29 $6 + 7 + \boxed{} = 16$

30 $3 + \boxed{} + 7 = 14$

31 $\boxed{} + 3 + 7 = 13$

32 $9 + \boxed{} + 6 = 19$

크라운을 도전하세요!

⏰ 계산을 하시오. (33 ~ 52)

33 9+3=☐

34 8+5=☐

35 7+4=☐

36 9+6=☐

37 7+7=☐

38 8+4=☐

39 5+7=☐

40 3+8=☐

41 4+9=☐

42 7+8=☐

43 14−8=☐

44 15−9=☐

45 13−5=☐

46 12−7=☐

47 16−7=☐

48 17−9=☐

49 11−5=☐

50 12−4=☐

51 18−9=☐

52 14−7=☐

3

세 수의 덧셈과 뺄셈

1 더하고 더하기 (1)

⭐ 3+6+8의 계산 - 가로셈

$$\boxed{3 + 6} + 8 = 17$$
$$9 + 8 = 17$$

⭐ 3+6+8의 계산 - 세로셈

$$3 + 6 + 8 = 17$$

```
  3        9
+ 6      + 8
───      ───
  9      1 7
```

⏰ □ 안에 알맞은 수를 써넣으시오. (1~8)

1 $\boxed{5 + 4} + 7 = \square$

$\square + 7 = \square$

2 $\boxed{5 + 8} + 4 = \square$

$\square + 4 = \square$

3 $\boxed{4 + 4} + 6 = \square$

$\square + 6 = \square$

4 $\boxed{8 + 7} + 4 = \square$

$\square + 4 = \square$

5 $\boxed{3 + 6} + 9 = \square$

$\square + 9 = \square$

6 $\boxed{6 + 8} + 5 = \square$

$\square + 5 = \square$

7 $\boxed{2 + 6} + 7 = \square$

$\square + 7 = \square$

8 $\boxed{6 + 6} + 5 = \square$

$\square + 5 = \square$

⏰ □ 안에 알맞은 수를 써넣으시오. (9 ~ 16)

9 $3+5+7=$ ☐

$$\begin{array}{r} 3 \\ +\ 5 \\ \hline \square \end{array} \qquad \begin{array}{r} \square \\ +\ 7 \\ \hline \square \end{array}$$

10 $5+2+9=$ ☐

$$\begin{array}{r} 5 \\ +\ 2 \\ \hline \square \end{array} \qquad \begin{array}{r} \square \\ +\ 9 \\ \hline \square \end{array}$$

11 $3+4+8=$ ☐

$$\begin{array}{r} 3 \\ +\ 4 \\ \hline \square \end{array} \qquad \begin{array}{r} \square \\ +\ 8 \\ \hline \square \end{array}$$

12 $6+3+6=$ ☐

$$\begin{array}{r} 6 \\ +\ 3 \\ \hline \square \end{array} \qquad \begin{array}{r} \square \\ +\ 6 \\ \hline \square \end{array}$$

13 $8+3+6=$ ☐

$$\begin{array}{r} 8 \\ +\ 3 \\ \hline \square \end{array} \qquad \begin{array}{r} \square \\ +\ 6 \\ \hline \square \end{array}$$

14 $6+9+2=$ ☐

$$\begin{array}{r} 6 \\ +\ 9 \\ \hline \square \end{array} \qquad \begin{array}{r} \square \\ +\ 2 \\ \hline \square \end{array}$$

15 $7+5+7=$ ☐

$$\begin{array}{r} 7 \\ +\ 5 \\ \hline \square \end{array} \qquad \begin{array}{r} \square \\ +\ 7 \\ \hline \square \end{array}$$

16 $8+3+8=$ ☐

$$\begin{array}{r} 8 \\ +\ 3 \\ \hline \square \end{array} \qquad \begin{array}{r} \square \\ +\ 8 \\ \hline \square \end{array}$$

더하고 더하기(2)

⏰ 계산을 하시오. (1 ~ 16)

1 3+3+8=☐

2 4+3+9=☐

3 5+2+6=☐

4 3+5+9=☐

5 2+4+9=☐

6 7+2+4=☐

7 6+3+5=☐

8 3+5+8=☐

9 7+4+4=☐

10 8+5+4=☐

11 6+5+7=☐

12 9+3+5=☐

13 4+8+3=☐

14 5+7+6=☐

15 3+9+4=☐

16 2+9+7=☐

계산은 빠르고 정확하게!

걸린 시간	1~10분	10~15분	15~20분
맞은 개수	20~22개	16~19개	1~15개
평가	참 잘했어요.	잘했어요.	좀더 노력해요.

🕐 빈 곳에 알맞은 수를 써넣으시오. (17 ~ 22)

17
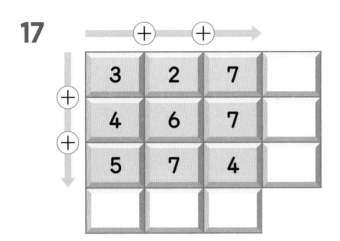

18
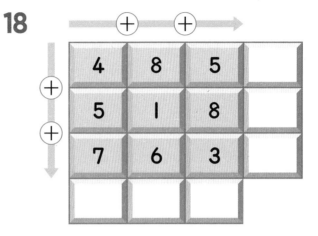

19

20
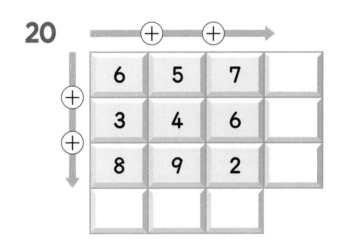

21

22
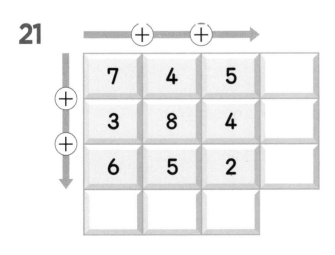
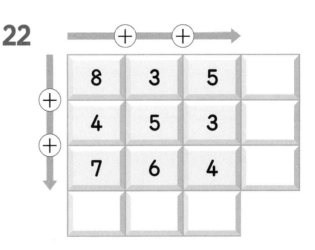

2 빼고 빼기(1)

⭐ 18−4−7의 계산−가로셈

$$18-4-7=7$$
14
7

⭐ 18−4−7의 계산−세로셈

$$18-4-7=7$$

```
  1 8        1 4
−   4    −     7
  1 4        7
```

⏰ ☐ 안에 알맞은 수를 써넣으시오. (1~6)

1 16−4−5=☐
12
☐

2 13−8−2=☐
5
☐

3 14−2−8=☐
☐
☐

4 15−9−3=☐
☐
☐

5 17−3−7=☐
☐
☐

6 19−7−5=☐
☐
☐

☐ 안에 알맞은 수를 써넣으시오. (7~14)

7 15−3−4=☐

```
  1 5        1 2
−   3      −   4
  1 2        ☐
```

8 13−5−2=☐

```
  1 3        8
−   5      − 2
  8          ☐
```

9 17−5−4=☐

```
  1 7        ☐
−   5      −   4
  ☐          ☐
```

10 14−6−3=☐

```
  1 4        ☐
−   6      −   3
  ☐          ☐
```

11 16−4−5=☐

```
  1 6        ☐
−   4      −   5
  ☐          ☐
```

12 18−7−4=☐

```
  1 8        ☐
−   7      −   4
  ☐          ☐
```

13 12−5−3=☐

```
  1 2        ☐
−   5      −   3
  ☐          ☐
```

14 19−6−8=☐

```
  1 9        ☐
−   6      −   8
  ☐          ☐
```

2 빼고 빼기(2)

⏰ 계산을 하시오. (1 ~ 16)

1 12−3−4=☐

2 13−2−7=☐

3 14−5−2=☐

4 15−3−6=☐

5 16−4−9=☐

6 17−4−8=☐

7 18−3−8=☐

8 19−5−7=☐

9 11−4−4=☐

10 12−5−3=☐

11 13−6−2=☐

12 14−6−3=☐

13 15−6−6=☐

14 16−7−5=☐

15 17−4−7=☐

16 18−6−5=☐

계산은 빠르고 정확하게!

걸린 시간	1~8분	8~12분	12~16분
맞은 개수	26~28개	20~25개	1~19개
평가	참 잘했어요.	잘했어요.	좀더 노력해요.

⏰ 가장 큰 수에서 나머지 두 수를 차례로 빼어 나온 값을 빈 곳에 써넣으시오.

(17 ~ 28)

17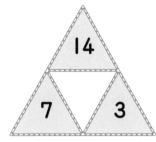

18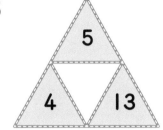

19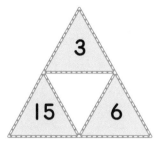

20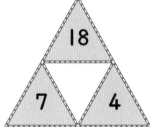

21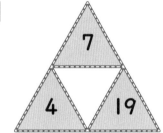

22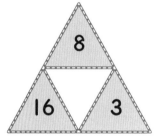

23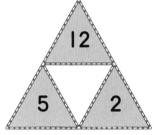

24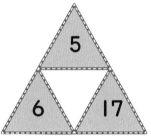

25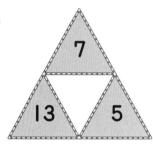

26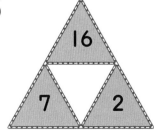

27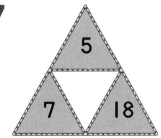

28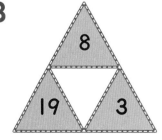

3 더하고 빼기(1)

⭐ 7+6−8의 계산 − 가로셈

$$7+6-8=5$$

13

5

⭐ 7+6−8의 계산 − 세로셈

$$7+6-8=5$$

$$\begin{array}{r} 7 \\ +\ 6 \\ \hline 1\ 3 \end{array} \qquad \begin{array}{r} 1\ 3 \\ -\ \ 8 \\ \hline 5 \end{array}$$

⏰ ☐ 안에 알맞은 수를 써넣으시오. (1~6)

1 8+7−6=☐

2 5+9−7=☐
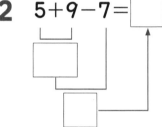

3 6+7−5=☐
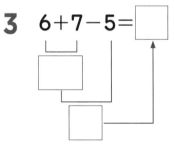

4 4+8−9=☐
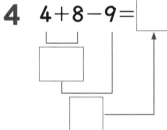

5 12+5−8=☐

6 11+5−9=☐
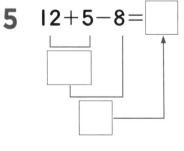

⏰ ☐ 안에 알맞은 수를 써넣으시오. (7~14)

7 $8+5-7=\boxed{}$

$$\begin{array}{r} 8 \\ +\ \ 5 \\ \hline 1\,3 \end{array} \qquad \begin{array}{r} 1\,3 \\ -\ \ 7 \\ \hline \boxed{} \end{array}$$

8 $8+4-9=\boxed{}$

$$\begin{array}{r} 8 \\ +\ \ 4 \\ \hline 1\,2 \end{array} \qquad \begin{array}{r} 1\,2 \\ -\ \ 9 \\ \hline \boxed{} \end{array}$$

9 $9+6-8=\boxed{}$

$$\begin{array}{r} 9 \\ +\ \ 6 \\ \hline \boxed{} \end{array} \qquad \begin{array}{r} \boxed{} \\ -\ \ 8 \\ \hline \boxed{} \end{array}$$

10 $7+8-9=\boxed{}$

$$\begin{array}{r} 7 \\ +\ \ 8 \\ \hline \boxed{} \end{array} \qquad \begin{array}{r} \boxed{} \\ -\ \ 9 \\ \hline \boxed{} \end{array}$$

11 $12+5-9=\boxed{}$

$$\begin{array}{r} 1\,2 \\ +\ \ 5 \\ \hline \boxed{} \end{array} \qquad \begin{array}{r} \boxed{} \\ -\ \ 9 \\ \hline \boxed{} \end{array}$$

12 $13+3-7=\boxed{}$

$$\begin{array}{r} 1\,3 \\ +\ \ 3 \\ \hline \boxed{} \end{array} \qquad \begin{array}{r} \boxed{} \\ -\ \ 7 \\ \hline \boxed{} \end{array}$$

13 $14+2-8=\boxed{}$

$$\begin{array}{r} 1\,4 \\ +\ \ 2 \\ \hline \boxed{} \end{array} \qquad \begin{array}{r} \boxed{} \\ -\ \ 8 \\ \hline \boxed{} \end{array}$$

14 $11+3-9=\boxed{}$

$$\begin{array}{r} 1\,1 \\ +\ \ 3 \\ \hline \boxed{} \end{array} \qquad \begin{array}{r} \boxed{} \\ -\ \ 9 \\ \hline \boxed{} \end{array}$$

⏰ 계산을 하시오. (1~16)

1   4+9−7=□

2   5+7−8=□

3   6+8−5=□

4   7+4−6=□

5   8+5−6=□

6   9+3−8=□

7   8+8−9=□

8   7+8−6=□

9   11+3−6=□

10 12+5−9=□

11 13+2−8=□

12 12+4−8=□

13 14+3−9=□

14 15+1−7=□

15 12+2−7=□

16 11+5−9=□

계산은 빠르고 정확하게!

걸린 시간	1~8분	8~12분	12~16분
맞은 개수	24~26개	19~23개	1~18개
평가	참 잘했어요.	잘했어요.	좀더 노력해요.

⏰ 빈 곳에 알맞은 수를 써넣으시오. (17 ~ 26)

17

18

19

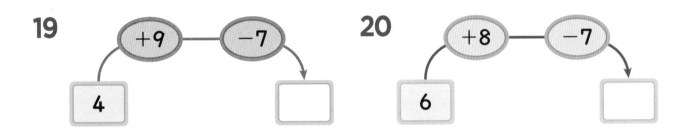

20

21

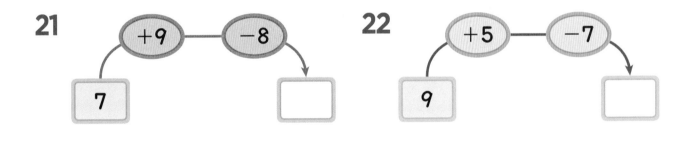

22

23

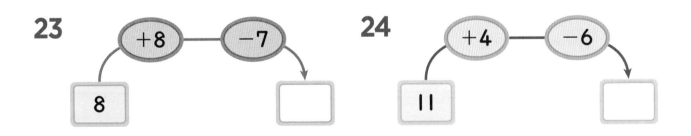

24

25

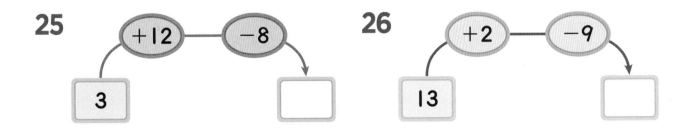

26

4 빼고 더하기 (1)

⭐ 14−8＋5의 계산 − 가로셈

$$14-8+5=11$$

6

11

⭐ 14−8＋5의 계산 − 세로셈

$$14-8+5=11$$

```
  1 4        6
−   8    +   5
  6         1 1
```

⏰ □ 안에 알맞은 수를 써넣으시오. (1~6)

1 $12-5+6=\boxed{}$

7

2 $13-6+8=\boxed{}$

7

3 $14-6+4=\boxed{}$

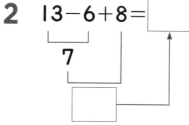

4 $15-9+8=\boxed{}$

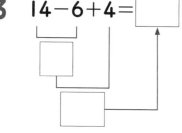

5 $16-8+7=\boxed{}$

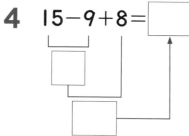

6 $17-9+8=\boxed{}$

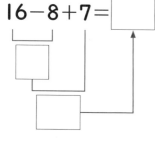

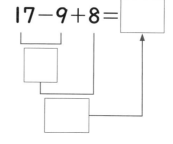

⏰ ☐ 안에 알맞은 수를 써넣으시오. (7 ~ 14)

7 $13-4+6=$ ☐

$$\begin{array}{r} 1\ 3 \\ -\quad 4 \\ \hline \end{array}$$ ☐ $$\begin{array}{r} +\quad 6 \\ \hline \end{array}$$

8 $14-6+5=$ ☐

$$\begin{array}{r} 1\ 4 \\ -\quad 6 \\ \hline \end{array}$$ ☐ $$\begin{array}{r} +\quad 5 \\ \hline \end{array}$$

9 $15-6+3=$ ☐

$$\begin{array}{r} 1\ 5 \\ -\quad 6 \\ \hline \end{array}$$ ☐ $$\begin{array}{r} +\quad 3 \\ \hline \end{array}$$

10 $16-8+7=$ ☐

$$\begin{array}{r} 1\ 6 \\ -\quad 8 \\ \hline \end{array}$$ ☐ $$\begin{array}{r} +\quad 7 \\ \hline \end{array}$$

11 $17-9+4=$ ☐

$$\begin{array}{r} 1\ 7 \\ -\quad 9 \\ \hline \end{array}$$ ☐ $$\begin{array}{r} +\quad 4 \\ \hline \end{array}$$

12 $18-9+6=$ ☐

$$\begin{array}{r} 1\ 8 \\ -\quad 9 \\ \hline \end{array}$$ ☐ $$\begin{array}{r} +\quad 6 \\ \hline \end{array}$$

13 $14-7+9=$ ☐

$$\begin{array}{r} 1\ 4 \\ -\quad 7 \\ \hline \end{array}$$ ☐ $$\begin{array}{r} +\quad 9 \\ \hline \end{array}$$

14 $17-8+3=$ ☐

$$\begin{array}{r} 1\ 7 \\ -\quad 8 \\ \hline \end{array}$$ ☐ $$\begin{array}{r} +\quad 3 \\ \hline \end{array}$$

4 빼고 더하기(2)

⏰ 계산을 하시오. (1~16)

1 12−9+5=☐

2 13−7+6=☐

3 14−8+7=☐

4 15−6+7=☐

5 16−7+8=☐

6 17−8+9=☐

7 18−9+4=☐

8 14−8+4=☐

9 11−7+8=☐

10 13−5+9=☐

11 15−7+6=☐

12 16−9+3=☐

13 14−5+7=☐

14 17−8+3=☐

15 12−8+7=☐

16 18−9+6=☐

⏰ 빈 곳에 알맞은 수를 써넣으시오. (17 ~ 26)

17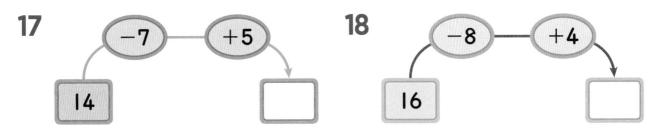

18

19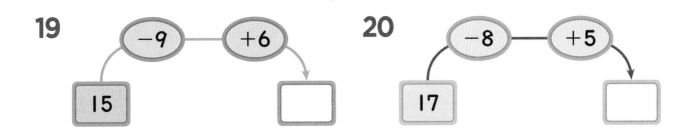

20

21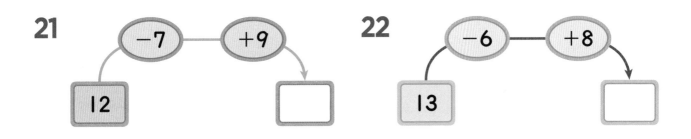

22

23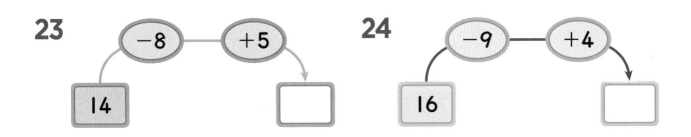

24

25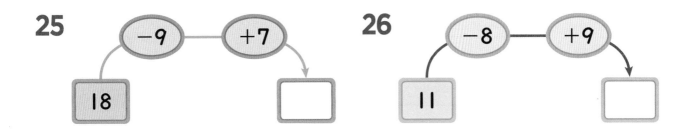

26

5 덧셈식을 보고 뺄셈식 만들기

⭐ 14+4=18을 뺄셈식으로 만들기

$$14+4=18 < \begin{array}{l} 18-14=4 \\ 18-4=14 \end{array}$$

하나의 덧셈식은 두 개의 뺄셈식으로 만들 수 있습니다.

🕐 덧셈식을 보고 뺄셈식을 만들어 보시오. (1~4)

1

$$12+6=18 < \begin{array}{l} 18-\boxed{}=6 \\ 18-\boxed{}=12 \end{array}$$

2

$$13+5=18 < \begin{array}{l} 18-\boxed{}=5 \\ 18-\boxed{}=13 \end{array}$$

3

$$8+11=19 < \begin{array}{l} \boxed{}-\boxed{}=11 \\ \boxed{}-\boxed{}=8 \end{array}$$

4

$$3+14=17 < \begin{array}{l} \boxed{}-\boxed{}=14 \\ \boxed{}-\boxed{}=3 \end{array}$$

⏰ 덧셈식을 보고 뺄셈식을 만들어 보시오. (5~16)

5
$8+9=17$ ⟨ $17-\boxed{}=9$
$17-\boxed{}=8$

6
$12+3=15$ ⟨ $15-\boxed{}=3$
$15-\boxed{}=12$

7
$4+14=18$ ⟨ $18-\boxed{}=14$
$18-\boxed{}=4$

8
$6+8=14$ ⟨ $14-\boxed{}=8$
$14-\boxed{}=6$

9
$23+6=29$ ⟨ $29-\boxed{}=6$
$29-\boxed{}=23$

10
$6+31=37$ ⟨ $37-\boxed{}=31$
$37-\boxed{}=6$

11
$5+7=12$ ⟨ $\boxed{}-\boxed{}=7$
$\boxed{}-\boxed{}=5$

12
$13+6=19$ ⟨ $\boxed{}-\boxed{}=6$
$\boxed{}-\boxed{}=13$

13
$7+11=18$ ⟨ $\boxed{}-\boxed{}=11$
$\boxed{}-\boxed{}=7$

14
$21+6=27$ ⟨ $\boxed{}-\boxed{}=6$
$\boxed{}-\boxed{}=21$

15 $20+16=36$
⟨ $\boxed{}-\boxed{}=16$
$\boxed{}-\boxed{}=20$

16 $32+15=47$
⟨ $\boxed{}-\boxed{}=15$
$\boxed{}-\boxed{}=32$

6 덧셈식에서 ■의 값 구하기

☆ 16+■=19에서 ■의 값 구하기

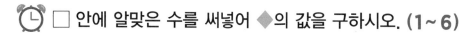

16 + ■ = 19

➡ 19 − 16 = ■ , ■=3

🕐 □ 안에 알맞은 수를 써넣어 ◆의 값을 구하시오. (1~6)

1

12+◆=15

➡ 15−12=◆ , ◆ = □

2

◆+5=17

➡ 17−5=◆ , ◆ = □

3

11+◆=16

➡ 16− □ =◆ , ◆ = □

4

◆+7=18

➡ 18− □ =◆ , ◆ = □

5

22+◆=27

➡ 27− □ =◆ , ◆ = □

6

◆+11=19

➡ □ −11=◆ , ◆ = □

⏰ □ 안에 알맞은 수를 써넣어 ◆의 값을 구하시오. (7 ~ 18)

7 $6+◆=15$

➡ $15-\boxed{}=◆,\ ◆=\boxed{}$

8 $8+◆=16$

➡ $16-\boxed{}=◆,\ ◆=\boxed{}$

9 $7+◆=13$

➡ $13-\boxed{}=◆,\ ◆=\boxed{}$

10 $5+◆=14$

➡ $14-\boxed{}=◆,\ ◆=\boxed{}$

11 $9+◆=12$

➡ $12-\boxed{}=◆,\ ◆=\boxed{}$

12 $8+◆=11$

➡ $11-\boxed{}=◆,\ ◆=\boxed{}$

13 $9+◆=13$

➡ $\boxed{}-\boxed{}=◆,\ ◆=\boxed{}$

14 $◆+7=15$

➡ $\boxed{}-\boxed{}=◆,\ ◆=\boxed{}$

15 $4+◆=11$

➡ $\boxed{}-\boxed{}=◆,\ ◆=\boxed{}$

16 $◆+8=17$

➡ $\boxed{}-\boxed{}=◆,\ ◆=\boxed{}$

17 $9+◆=18$

➡ $\boxed{}-\boxed{}=◆,\ ◆=\boxed{}$

18 $◆+8=14$

➡ $\boxed{}-\boxed{}=◆,\ ◆=\boxed{}$

7 뺄셈식을 보고 덧셈식 만들기

학습 날짜

월
일

⭐ 16−4=12를 덧셈식으로 만들기

처음 귤의 수

남은 귤의 수 →

16 − 4 = 12

↑
덜어낸 귤의 수

$4 + 12 = 16$

$12 + 4 = 16$

하나의 뺄셈식은 두 개의 덧셈식으로 만들 수 있습니다.

⏰ 뺄셈식을 보고 덧셈식을 만들어 보시오. (1~4)

1

$15 - 6 = 9$

$9 + \boxed{} = 15$

$6 + \boxed{} = 15$

2

$16 - 7 = 9$

$9 + \boxed{} = 16$

$7 + \boxed{} = 16$

3

$18 - 12 = 6$

$6 + \boxed{} = 18$

$12 + \boxed{} = 18$

4

$17 - 9 = 8$

$8 + \boxed{} = 17$

$9 + \boxed{} = 17$

계산은 빠르고 정확하게!

걸린 시간	1~5분	5~8분	8~10분
맞은 개수	15~16개	12~14개	1~11개
평가	참 잘했어요.	잘했어요.	좀더 노력해요.

뺄셈식을 보고 덧셈식을 만들어 보시오. (5~16)

5
$13-5=8$
$8+\boxed{}=13$
$5+\boxed{}=13$

6
$14-8=6$
$\boxed{}+8=14$
$\boxed{}+6=14$

7
$15-9=6$
$6+\boxed{}=15$
$9+\boxed{}=15$

8
$16-5=11$
$\boxed{}+5=16$
$\boxed{}+11=16$

9
$12-7=5$
$5+\boxed{}=12$
$7+\boxed{}=12$

10
$17-8=9$
$\boxed{}+8=17$
$\boxed{}+9=17$

11
$27-5=22$
$22+\boxed{}=\boxed{}$
$5+\boxed{}=\boxed{}$

12
$36-4=32$
$\boxed{}+4=\boxed{}$
$\boxed{}+32=\boxed{}$

13
$14-9=5$
$5+\boxed{}=\boxed{}$
$9+\boxed{}=\boxed{}$

14
$13-7=6$
$\boxed{}+7=\boxed{}$
$\boxed{}+6=\boxed{}$

15
$12-8=4$
$4+\boxed{}=\boxed{}$
$8+\boxed{}=\boxed{}$

16
$11-5=6$
$\boxed{}+5=\boxed{}$
$\boxed{}+6=\boxed{}$

뺄셈식에서 ■의 값 구하기

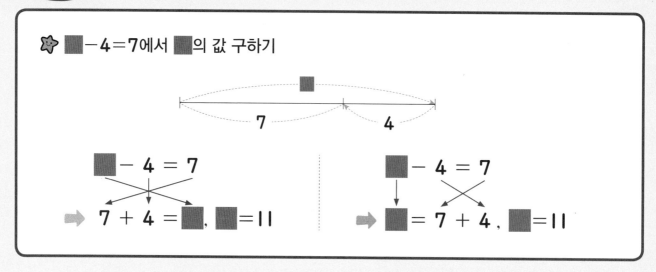

⭐ ■−4=7에서 ■의 값 구하기

$$■ − 4 = 7$$
➡ $7 + 4 = ■$, $■ = 11$

$$■ − 4 = 7$$
➡ $■ = 7 + 4$, $■ = 11$

⏰ □ 안에 알맞은 수를 써넣어 ⭐의 값을 구하시오. (1~6)

1

$⭐ − 3 = 9$
➡ $⭐ = 9 + 3$, $⭐ = \boxed{}$

2

$⭐ − 8 = 5$
➡ $⭐ = 5 + 8$, $⭐ = \boxed{}$

3

$⭐ − 7 = 8$
➡ $⭐ = 8 + 7$, $⭐ = \boxed{}$

4

$⭐ − 6 = 8$
➡ $⭐ = 8 + 6$, $⭐ = \boxed{}$

5

$⭐ − 9 = 4$
➡ $⭐ = 4 + 9$, $⭐ = \boxed{}$

6

$⭐ − 7 = 5$
➡ $⭐ = 5 + 7$, $⭐ = \boxed{}$

계산은 빠르고 정확하게!

걸린 시간	1~6분	6~9분	9~12분
맞은 개수	17~18개	13~16개	1~12개
평가	참 잘했어요.	잘했어요.	좀더 노력해요.

⏰ □ 안에 알맞은 수를 써넣어 ★의 값을 구하시오. (7 ~ 18)

7 ★$-4=8$

➡ ★ $=$ ☐ $+$ ☐ , ★ $=$ ☐

8 ★$-7=6$

➡ ★ $=$ ☐ $+$ ☐ , ★ $=$ ☐

9 ★$-5=9$

➡ ★ $=$ ☐ $+$ ☐ , ★ $=$ ☐

10 ★$-6=5$

➡ ★ $=$ ☐ $+$ ☐ , ★ $=$ ☐

11 ★$-8=7$

➡ ★ $=$ ☐ $+$ ☐ , ★ $=$ ☐

12 ★$-9=4$

➡ ★ $=$ ☐ $+$ ☐ , ★ $=$ ☐

13 ★$-4=7$

➡ ★ $=$ ☐ $+$ ☐ , ★ $=$ ☐

14 ★$-7=5$

➡ ★ $=$ ☐ $+$ ☐ , ★ $=$ ☐

15 ★$-5=8$

➡ ★ $=$ ☐ $+$ ☐ , ★ $=$ ☐

16 ★$-6=6$

➡ ★ $=$ ☐ $+$ ☐ , ★ $=$ ☐

17 ★$-8=6$

➡ ★ $=$ ☐ $+$ ☐ , ★ $=$ ☐

18 ★$-9=9$

➡ ★ $=$ ☐ $+$ ☐ , ★ $=$ ☐

$$3 + 5 + ■ = 15$$
$$8 + ■ = 15$$
$$■ = 15 - 8$$
$$■ = 7$$

$$17 - 4 - ■ = 5$$
$$13 - ■ = 5$$
$$■ = 13 - 5$$
$$■ = 8$$

$$12 - 4 + ■ = 14$$
$$8 + ■ = 14$$
$$■ = 14 - 8$$
$$■ = 6$$

$$8 + 6 - ■ = 7$$
$$14 - ■ = 7$$
$$■ = 14 - 7$$
$$■ = 7$$

⏰ ☐ 안에 알맞은 수를 써넣으시오. (1~4)

1 $2+5+♥=16$

➡ ☐ $+ ♥ = 16$

➡ $♥ = ☐ - ☐$

➡ $♥ = ☐$

2 $3+6+♥=16$

➡ ☐ $+ ♥ = 16$

➡ $♥ = ☐ - ☐$

➡ $♥ = ☐$

3 $4+7+♥=14$

➡ ☐ $+ ♥ = 14$

➡ $♥ = ☐ - ☐$

➡ $♥ = ☐$

4 $5+8+♥=17$

➡ ☐ $+ ♥ = 17$

➡ $♥ = ☐ - ☐$

➡ $♥ = ☐$

계산은 빠르고 정확하게!

걸린 시간	1~8분	8~12분	12~16분
맞은 개수	11~12개	8~10개	1~7개
평가	참 잘했어요.	잘했어요.	좀더 노력해요.

⏰ ☐ 안에 알맞은 수를 써넣으시오. (5 ~ 12)

5 ♥ +1+4=18

➡ ♥ + ☐ =18

➡ ♥ = ☐ − ☐

➡ ♥ = ☐

6 ♥ +2+5=17

➡ ♥ + ☐ =17

➡ ♥ = ☐ − ☐

➡ ♥ = ☐

7 ♥ +3+6=16

➡ ♥ + ☐ =16

➡ ♥ = ☐ − ☐

➡ ♥ = ☐

8 ♥ +4+7=19

➡ ♥ + ☐ =19

➡ ♥ = ☐ − ☐

➡ ♥ = ☐

9 2+♥ +6=15

➡ ♥ + ☐ =15

➡ ♥ = ☐ − ☐

➡ ♥ = ☐

10 3+♥ +8=14

➡ ♥ + ☐ =14

➡ ♥ = ☐ − ☐

➡ ♥ = ☐

11 4+♥ +9=16

➡ ♥ + ☐ =16

➡ ♥ = ☐ − ☐

➡ ♥ = ☐

12 5+♥ +7=13

➡ ♥ + ☐ =13

➡ ♥ = ☐ − ☐

➡ ♥ = ☐

9 세 수의 덧셈식과 뺄셈식에서 ■의 값 구하기 (2)

🕐 □ 안에 알맞은 수를 써넣으시오. (1~8)

1 $9-3+♥=12$

➡ $\boxed{}+♥=12$

➡ $♥=\boxed{}-\boxed{}$

➡ $♥=\boxed{}$

2 $7-5+♥=11$

➡ $\boxed{}+♥=11$

➡ $♥=\boxed{}-\boxed{}$

➡ $♥=\boxed{}$

3 $12-5+♥=13$

➡ $\boxed{}+♥=13$

➡ $♥=\boxed{}-\boxed{}$

➡ $♥=\boxed{}$

4 $15-8+♥=16$

➡ $\boxed{}+♥=16$

➡ $♥=\boxed{}-\boxed{}$

➡ $♥=\boxed{}$

5 $18-13+♥=12$

➡ $\boxed{}+♥=12$

➡ $♥=\boxed{}-\boxed{}$

➡ $♥=\boxed{}$

6 $12-9+♥=15$

➡ $\boxed{}+♥=15$

➡ $♥=\boxed{}-\boxed{}$

➡ $♥=\boxed{}$

7 $13-7+♥=16$

➡ $\boxed{}+♥=16$

➡ $♥=\boxed{}-\boxed{}$

➡ $♥=\boxed{}$

8 $17-9+♥=14$

➡ $\boxed{}+♥=14$

➡ $♥=\boxed{}-\boxed{}$

➡ $♥=\boxed{}$

🕐 ☐ 안에 알맞은 수를 써넣으시오. (9 ~ 16)

9 $10-4+♥=18$

➡ $\boxed{}+♥=18$

➡ $♥=\boxed{}-\boxed{}$

➡ $♥=\boxed{}$

10 $16-8+♥=15$

➡ $\boxed{}+♥=15$

➡ $♥=\boxed{}-\boxed{}$

➡ $♥=\boxed{}$

11 $14-9+♥=17$

➡ $\boxed{}+♥=17$

➡ $♥=\boxed{}-\boxed{}$

➡ $♥=\boxed{}$

12 $15-9+♥=13$

➡ $\boxed{}+♥=13$

➡ $♥=\boxed{}-\boxed{}$

➡ $♥=\boxed{}$

13 $17-12+♥=13$

➡ $\boxed{}+♥=13$

➡ $♥=\boxed{}-\boxed{}$

➡ $♥=\boxed{}$

14 $36-24+♥=19$

➡ $\boxed{}+♥=19$

➡ $♥=\boxed{}-\boxed{}$

➡ $♥=\boxed{}$

15 $48-25+♥=27$

➡ $\boxed{}+♥=27$

➡ $♥=\boxed{}-\boxed{}$

➡ $♥=\boxed{}$

16 $46-35+♥=20$

➡ $\boxed{}+♥=20$

➡ $♥=\boxed{}-\boxed{}$

➡ $♥=\boxed{}$

⏰ □ 안에 알맞은 수를 써넣으시오. (1~8)

1 12−4−♥=3

➡ ☐ − ♥ =3

➡ ♥ = ☐ − ☐

➡ ♥ = ☐

2 15−6−♥=2

➡ ☐ − ♥ =2

➡ ♥ = ☐ − ☐

➡ ♥ = ☐

3 13−7−♥=4

➡ ☐ − ♥ =4

➡ ♥ = ☐ − ☐

➡ ♥ = ☐

4 14−6−♥=1

➡ ☐ − ♥ =1

➡ ♥ = ☐ − ☐

➡ ♥ = ☐

5 16−4−♥=3

➡ ☐ − ♥ =3

➡ ♥ = ☐ − ☐

➡ ♥ = ☐

6 17−2−♥=7

➡ ☐ − ♥ =7

➡ ♥ = ☐ − ☐

➡ ♥ = ☐

7 18−5−♥=9

➡ ☐ − ♥ =9

➡ ♥ = ☐ − ☐

➡ ♥ = ☐

8 19−7−♥=4

➡ ☐ − ♥ =4

➡ ♥ = ☐ − ☐

➡ ♥ = ☐

계산은 빠르고 정확하게!

걸린 시간	1~8분	8~12분	12~16분
맞은 개수	15~16개	12~14개	1~11개
평가	참 잘했어요.	잘했어요.	좀더 노력해요.

⏰ □ 안에 알맞은 수를 써넣으시오. (9~16)

9 $24-11-♥=7$

➡ $\boxed{}-♥=7$

➡ $♥=\boxed{}-\boxed{}$

➡ $♥=\boxed{}$

10 $27-12-♥=4$

➡ $\boxed{}-♥=4$

➡ $♥=\boxed{}-\boxed{}$

➡ $♥=\boxed{}$

11 $26-15-♥=2$

➡ $\boxed{}-♥=2$

➡ $♥=\boxed{}-\boxed{}$

➡ $♥=\boxed{}$

12 $35-23-♥=5$

➡ $\boxed{}-♥=5$

➡ $♥=\boxed{}-\boxed{}$

➡ $♥=\boxed{}$

13 $45-21-♥=20$

➡ $\boxed{}-♥=20$

➡ $♥=\boxed{}-\boxed{}$

➡ $♥=\boxed{}$

14 $39-27-♥=7$

➡ $\boxed{}-♥=7$

➡ $♥=\boxed{}-\boxed{}$

➡ $♥=\boxed{}$

15 $48-12-♥=21$

➡ $\boxed{}-♥=21$

➡ $♥=\boxed{}-\boxed{}$

➡ $♥=\boxed{}$

16 $49-33-♥=7$

➡ $\boxed{}-♥=7$

➡ $♥=\boxed{}-\boxed{}$

➡ $♥=\boxed{}$

⏰ □ 안에 알맞은 수를 써넣으시오. (1~8)

1 7+8−♥=6

➡ ☐ −♥=6

➡ ♥=☐−☐

➡ ♥=☐

2 5+6−♥=3

➡ ☐ −♥=3

➡ ♥=☐−☐

➡ ♥=☐

3 6+7−♥=4

➡ ☐ −♥=4

➡ ♥=☐−☐

➡ ♥=☐

4 6+9−♥=7

➡ ☐ −♥=7

➡ ♥=☐−☐

➡ ♥=☐

5 8+8−♥=9

➡ ☐ −♥=9

➡ ♥=☐−☐

➡ ♥=☐

6 9+8−♥=3

➡ ☐ −♥=3

➡ ♥=☐−☐

➡ ♥=☐

7 9+4−♥=5

➡ ☐ −♥=5

➡ ♥=☐−☐

➡ ♥=☐

8 8+6−♥=9

➡ ☐ −♥=9

➡ ♥=☐−☐

➡ ♥=☐

걸린 시간	1~8분	8~12분	12~16분
맞은 개수	15~16개	12~14개	1~11개
평가	참 잘했어요.	잘했어요.	좀더 노력해요.

□ 안에 알맞은 수를 써넣으시오. (9 ~ 16)

9 12+5−♥=9

➡ □−♥=9

➡ ♥=□−□

➡ ♥=□

10 13+3−♥=7

➡ □−♥=7

➡ ♥=□−□

➡ ♥=□

11 15+4−♥=6

➡ □−♥=6

➡ ♥=□−□

➡ ♥=□

12 8+21−♥=5

➡ □−♥=5

➡ ♥=□−□

➡ ♥=□

13 12+24−♥=3

➡ □−♥=3

➡ ♥=□−□

➡ ♥=□

14 16+22−♥=5

➡ □−♥=5

➡ ♥=□−□

➡ ♥=□

15 31+17−♥=4

➡ □−♥=4

➡ ♥=□−□

➡ ♥=□

16 12+17−♥=6

➡ □−♥=6

➡ ♥=□−□

➡ ♥=□

⏰ 주어진 조건을 보고 도형이 나타내는 수를 구하시오. (단, 같은 도형은 같은 수를 나타냅니다.) (1~5)

1

$17-\blacksquare-\blacksquare=5$ $\blacksquare+7=\triangle$ $\triangle-5+4=\bullet$

$\bullet=\boxed{}$

2

$12-\triangle-\triangle=6$ $\triangle+9=\blacksquare$ $\blacksquare-5+8=\bullet$

$\bullet=\boxed{}$

3

$13-\bullet-\bullet=3$ $\bullet+8=\triangle$ $\triangle+2-8=\blacksquare$

$\blacksquare=\boxed{}$

4

$18-\blacksquare-\blacksquare=4$ $8+\blacksquare=\bullet$ $\bullet-6+4=\triangle$

$\triangle=\boxed{}$

5

$11-\bullet-\bullet=3$ $9+\bullet=\blacksquare$ $\blacksquare-5+6=\triangle$

$\triangle=\boxed{}$

⏰ △에 알맞은 수를 구하시오. (6 ~ 9)

6 $9+4+\triangle=18$　　　　　$\triangle=\boxed{}$

7 $15-8+\triangle=14$　　　　　$\triangle=\boxed{}$

8 $48-23-\triangle=12$　　　　　$\triangle=\boxed{}$

9 $12-9+\triangle=50$　　　　　$\triangle=\boxed{}$

⏰ ○ 안에 ＋, －를 알맞게 써넣어 식이 성립하도록 하시오. (10 ~ 17)

10 $7\bigcirc5\bigcirc9=3$　　　　　**11** $6\bigcirc7\bigcirc8=5$

12 $15\bigcirc8\bigcirc7=14$　　　　　**13** $9\bigcirc4\bigcirc8=13$

14 $6\bigcirc7\bigcirc5=8$　　　　　**15** $9\bigcirc5\bigcirc8=6$

16 $9\bigcirc3\bigcirc7=13$　　　　　**17** $11\bigcirc2\bigcirc6=15$

⏰ ☐ 안에 알맞은 수를 써넣으시오. (1~12)

1 5+6+7= ☐

2 3+6+8= ☐

3 2+6+7= ☐

4 3+4+8= ☐

5 5+3+8= ☐

6 7+2+7= ☐

7 14−2−8= ☐

8 13−7−4= ☐

9 16−5−2= ☐

10 18−5−6= ☐

11 19−6−7= ☐

12 15−4−7= ☐

 □ 안에 알맞은 수를 써넣으시오. (13 ~ 24)

13 $5+9-6=$ □

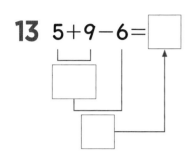

14 $13-6+8=$ □

15 $6+7-8=$ □

16 $5+9-12=$ □

17 $13-4+6=$ □

18 $14-7+9=$ □

19 $6+7=13 \begin{cases} 13-□=6 \\ 13-□=7 \end{cases}$

20 $5+9=14 \begin{cases} 14-□=5 \\ 14-□=9 \end{cases}$

21 $8+6=14 \begin{cases} 14-□=8 \\ 14-□=6 \end{cases}$

22 $7+8=15 \begin{cases} 15-□=7 \\ 15-□=8 \end{cases}$

23 $7+♥=16$

➡ ♥ = □ − □

➡ ♥ = □

24 $9+♥=18$

➡ ♥ = □ − □

➡ ♥ = □

⏰ □ 안에 알맞은 수를 써넣으시오. (25 ~ 34)

25
$13-9=4$
$4+\boxed{}=13$
$9+\boxed{}=13$

26
$16-7=9$
$9+\boxed{}=16$
$7+\boxed{}=16$

27
$17-8=9$
$9+\boxed{}=17$
$8+\boxed{}=17$

28
$13-5=8$
$8+\boxed{}=13$
$5+\boxed{}=13$

29 $\bigstar-5=7$
➡ $\bigstar=\boxed{}+\boxed{}$
➡ $\bigstar=\boxed{}$

30 $\bigstar-7=6$
➡ $\bigstar=\boxed{}+\boxed{}$
➡ $\bigstar=\boxed{}$

31 $4+5+\heartsuit=16$
➡ $\boxed{}+\heartsuit=16$
➡ $\heartsuit=\boxed{}-\boxed{}$
➡ $\heartsuit=\boxed{}$

32 $7+6-\heartsuit=8$
➡ $\boxed{}-\heartsuit=8$
➡ $\heartsuit=\boxed{}-\boxed{}$
➡ $\heartsuit=\boxed{}$

33 $14-9-\bigstar=2$
➡ $\boxed{}-\bigstar=2$
➡ $\bigstar=\boxed{}-\boxed{}$
➡ $\bigstar=\boxed{}$

34 $15-2-\bigstar=5$
➡ $\boxed{}-\bigstar=5$
➡ $\bigstar=\boxed{}-\boxed{}$
➡ $\bigstar=\boxed{}$

초등 수학의 기본은 연산력!!

신기한 연산왕

정답

A-4

초1 수준

정답

1 더하고 더하기(1)

월 일

☆ 12+23+34의 계산

12+23+34=69
①
35
②
69

12+23+34=69 ←
1 2 → 3 5
+ 2 3 + 3 4
3 5 6 9

앞에서부터 두 수씩 차례로 계산합니다.

🕐 □ 안에 알맞은 수를 써넣으시오. (1~6)

1 21+23+32= 76
44
76

2 13+32+23= 68
45
68

3 32+23+14= 69
55
69

4 15+21+42= 78
36
78

5 51+23+12= 86
74
86

6 43+22+33= 98
65
98

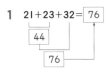

계산은 빠르고 정확하게!

걸린 시간	1~5분	5~8분	8~10분
맞은 개수	13~14개	10~12개	1~9개
평가	참 잘했어요.	잘했어요.	좀더 노력해요.

🕐 □ 안에 알맞은 수를 써넣으시오. (7~14)

7 12+35+21= 68 ←
1 2 → 4 7
+ 3 5 + 2 1
4 7 6 8

8 36+20+23= 79 ←
3 6 → 5 6
+ 2 0 + 2 3
5 6 7 9

9 24+15+40= 79 ←
2 4 → 3 9
+ 1 5 + 4 0
3 9 7 9

10 43+25+31= 99 ←
4 3 → 6 8
+ 2 5 + 3 1
6 8 9 9

11 35+22+32= 89 ←
3 5 → 5 7
+ 2 2 + 3 2
5 7 8 9

12 20+43+15= 78 ←
2 0 → 6 3
+ 4 3 + 1 5
6 3 7 8

13 26+41+22= 89 ←
2 6 → 6 7
+ 4 1 + 2 2
6 7 8 9

14 44+21+32= 97 ←
4 4 → 6 5
+ 2 1 + 3 2
6 5 9 7

1 더하고 더하기(2)

월 일

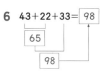

계산은 빠르고 정확하게!

걸린 시간	1~8분	8~12분	12~16분
맞은 개수	19~20개	16~18개	1~15개
평가	참 잘했어요.	잘했어요.	좀더 노력해요.

🕐 빈 곳에 알맞은 수를 써넣으시오. (1~10)

1 11 (+23)(+42) 76
2 22 (+34)(+22) 78
3 13 (+32)(+51) 96
4 32 (+41)(+15) 88
5 15 (+42)(+41) 98
6 23 (+52)(+22) 97
7 17 (+60)(+21) 98
8 20 (+62)(+14) 96
9 14 (+72)(+13) 99
10 32 (+12)(+52) 96

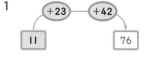
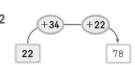
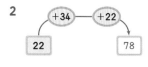
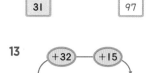
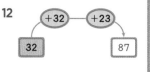
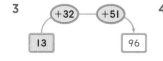
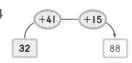
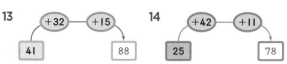
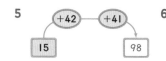
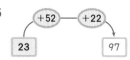
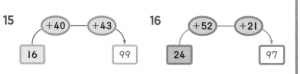
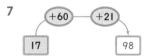
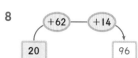
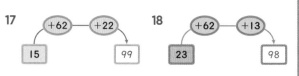
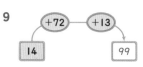
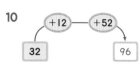
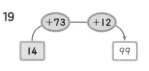
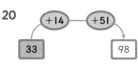

🕐 빈 곳에 알맞은 수를 써넣으시오. (11~20)

11 31 (+24)(+42) 97
12 32 (+32)(+23) 87
13 41 (+32)(+15) 88
14 25 (+42)(+11) 78
15 16 (+40)(+43) 99
16 24 (+52)(+21) 97
17 15 (+62)(+22) 99
18 23 (+62)(+13) 98
19 14 (+73)(+12) 99
20 33 (+14)(+51) 98

2 빼고 빼기(1)

☆ 69−24−12의 계산

$$69-24-12=33$$

45

33

앞에서부터 두 수씩 차례로 계산합니다.

$$69-24-12=33$$

```
  6 9        4 5
− 2 4      − 1 2
  4 5        3 3
```

⏰ □ 안에 알맞은 수를 써넣으시오. (1 ~ 6)

1 57−12−23= 22

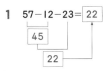

45

22

2 65−32−13= 20

33

20

3 48−15−22= 11

33

11

4 76−33−21= 22

43

22

5 89−12−53= 24

77

24

6 98−33−42= 23

65

23

계산은 빠르고 정확하게!

걸린 시간	1~5분	5~8분	8~10분
맞은 개수	13~14개	10~12개	1~9개
평가	참 잘했어요.	잘했어요.	좀더 노력해요.

⏰ □ 안에 알맞은 수를 써넣으시오. (7 ~ 14)

7 46−12−23= 11

```
  4 6        3 4
− 1 2      − 2 3
  3 4        1 1
```

8 57−14−23= 20

```
  5 7        4 3
− 1 4      − 2 3
  4 3        2 0
```

9 68−32−15= 21

```
  6 8        3 6
− 3 2      − 1 5
  3 6        2 1
```

10 79−22−25= 32

```
  7 9        5 7
− 2 2      − 2 5
  5 7        3 2
```

11 86−24−31= 31

```
  8 6        6 2
− 2 4      − 3 1
  6 2        3 1
```

12 97−12−23= 62

```
  9 7        8 5
− 1 2      − 2 3
  8 5        6 2
```

13 77−20−14= 43

```
  7 7        5 7
− 2 0      − 1 4
  5 7        4 3
```

14 89−13−33= 43

```
  8 9        7 6
− 1 3      − 3 3
  7 6        4 3
```

2 빼고 빼기(2)

월   일

⏰ 빈 곳에 알맞은 수를 써넣으시오. (1 ~ 10)

1 37 −12 −14 11

2 46 −13 −20 13

3 58 −13 −21 24

4 67 −21 −24 22

5 79 −24 −12 43

6 88 −15 −41 32

7 98 −12 −34 52

8 77 −23 −24 30

9 86 −23 −23 40

10 95 −14 −30 51

계산은 빠르고 정확하게!

걸린 시간	1~8분	8~12분	12~16분
맞은 개수	19~20개	16~18개	1~15개
평가	참 잘했어요.	잘했어요.	좀더 노력해요.

⏰ 빈 곳에 알맞은 수를 써넣으시오. (11 ~ 20)

11 45 −13 −12 20

12 56 −31 −12 13

13 67 23 −11 33

14 78 −22 −24 32

15 89 −34 −22 33

16 96 −31 −24 41

17 68 −13 −21 34

18 69 −21 −24 24

19 85 −12 −42 31

20 96 −62 −13 21

3 더하고 빼기(1)

월 일

32+24-13의 계산

$$32+24-13=43$$
56
43

$$32+24-13=43$$

```
  3 2        5 6
+ 2 4      - 1 3
  5 6        4 3
```

앞에서부터 두 수씩 차례로 계산합니다.

□ 안에 알맞은 수를 써넣으시오. (1~6)

1 12+46-24= 34
58
34

2 23+32-14= 41
55
41

3 35+42-23= 54
77
54

4 42+26-34= 34
68
34

5 54+25-36= 43
79
43

6 65+23-36= 52
88
52

계산은 빠르고 정확하게!

걸린 시간	1~5분	5~8분	8~10분
맞은 개수	13~14개	10~12개	1~9개
평가	참 잘했어요.	잘했어요.	좀더 노력해요.

□ 안에 알맞은 수를 써넣으시오. (7~14)

7 43+15-27= 31
```
  4 3        5 8
+ 1 5      - 2 7
  5 8        3 1
```

8 36+31-45= 22
```
  3 6        6 7
+ 3 1      - 4 5
  6 7        2 2
```

9 52+37-41= 48
```
  5 2        8 9
+ 3 7      - 4 1
  8 9        4 8
```

10 25+53-37= 41
```
  2 5        7 8
+ 5 3      - 3 7
  7 8        4 1
```

11 34+25-17= 42
```
  3 4        5 9
+ 2 5      - 1 7
  5 9        4 2
```

12 63+25-41= 47
```
  6 3        8 8
+ 2 5      - 4 1
  8 8        4 7
```

13 71+26-82= 15
```
  7 1        9 7
+ 2 6      - 8 2
  9 7        1 5
```

14 53+46-72= 27
```
  5 3        9 9
+ 4 6      - 7 2
  9 9        2 7
```

3 더하고 빼기(2)

월 일

빈 곳에 알맞은 수를 써넣으시오. (1~10)

1 14 → +23 → −25 → 12

2 25 → +32 → −24 → 33

3 41 → +36 → −27 → 50

4 52 → +43 → −14 → 81

5 44 → +43 → −32 → 55

6 52 → +45 → −34 → 63

7 61 → +17 → −33 → 45

8 27 → +61 → −36 → 52

9 16 → +73 → −25 → 64

10 34 → +15 → −36 → 13

계산은 빠르고 정확하게!

걸린 시간	1~8분	8~12분	12~16분
맞은 개수	19~20개	16~18개	1~15개
평가	참 잘했어요.	잘했어요.	좀더 노력해요.

빈 곳에 알맞은 수를 써넣으시오. (11~20)

11 31 → +26 → −14 → 43

12 25 → +34 → −28 → 31

13 17 → +32 → −31 → 18

14 26 → +42 → −33 → 35

15 51 → +43 → −72 → 22

16 26 → +52 → −44 → 34

17 16 → +63 → −54 → 25

18 27 → +61 → −82 → 6

19 18 → +70 → −25 → 63

20 35 → +42 → −55 → 22

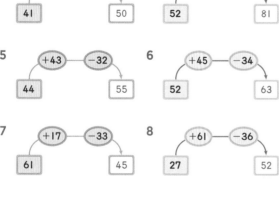
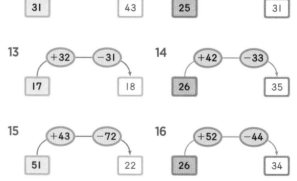
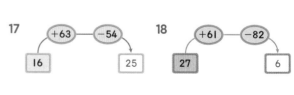
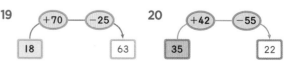

4 빼고 더하기(1)

🌟 46−35+14의 계산

$$46-35+14=25$$
①
11
②
25

$$46-35+14=25$$

```
  4 6        1 1
− 3 5      + 1 4
  1 1        2 5
```

앞에서부터 두 수씩 차례로 계산합니다.

⏰ □ 안에 알맞은 수를 써넣으시오. (1~6)

1 34−21+35= 48
13
48

2 45−33+52= 64
12
64

3 57−34+26= 49
23
49

4 66−25+17= 58
41
58

5 72−50+43= 65
22
65

6 86−32+25= 79
54
79

계산은 빠르고 정확하게!

걸린 시간	1~5분	5~8분	8~10분
맞은 개수	13~14개	10~12개	1~9개
평가	참 잘했어요.	잘했어요.	좀더 노력해요.

⏰ □ 안에 알맞은 수를 써넣으시오. (7~14)

7 53−21+34= 66
```
  5 3        3 2
− 2 1      + 3 4
  3 2        6 6
```

8 47−35+26= 38
```
  4 7        1 2
− 3 5      + 2 6
  1 2        3 8
```

9 65−32+43= 76
```
  6 5        3 3
− 3 2      + 4 3
  3 3        7 6
```

10 74−44+59= 89
```
  7 4        3 0
− 4 4      + 5 9
  3 0        8 9
```

11 86−32+41= 95
```
  8 6        5 4
− 3 2      + 4 1
  5 4        9 5
```

12 97−42+23= 78
```
  9 7        5 5
− 4 2      + 2 3
  5 5        7 8
```

13 78−36+27= 69
```
  7 8        4 2
− 3 6      + 2 7
  4 2        6 9
```

14 89−45+24= 68
```
  8 9        4 4
− 4 5      + 2 4
  4 4        6 8
```

---

4 빼고 더하기(2)

⏰ 빈 곳에 알맞은 수를 써넣으시오. (1~10)

1 34 −[−22] [+45] 57

2 27 [−13] [+35] 49

3 39 [−15] [+52] 76

4 43 [−13] [+56] 86

5 49 [−37] [+44] 56

6 52 [−41] [+27] 38

7 56 [−32] [+24] 48

8 62 [−22] [+43] 83

9 67 [−53] [+45] 59

10 73 [−12] [+35] 96

계산은 빠르고 정확하게!

걸린 시간	1~8분	8~10분	10~12분
맞은 개수	19~20개	16~18개	1~15개
평가	참 잘했어요.	잘했어요.	좀더 노력해요.

⏰ 빈 곳에 알맞은 수를 써넣으시오. (11~20)

11 43 [−21] [+44] 66

12 38 [−17] [+25] 46

13 56 [−24] [+52] 84

14 62 [−41] [+16] 37

15 67 [−43] [+45] 69

16 52 [−32] [+27] 47

17 73 [−62] [+26] 37

18 78 [−35] [+14] 57

19 84 [−62] [+16] 38

20 86 [−36] [+34] 84

5 신기한 연산

 학습 날짜
월
일

계산은 빠르고 정확하게!

걸린 시간	1~12분	12~16분	16~20분
맞은 개수	10~11개	7~9개	1~6개
평가	참 잘했어요.	잘했어요.	좀더 노력해요.

주어진 수를 □ 안에 한 번씩 써넣어 계산 결과가 가장 큰 계산식을 만들고, 그 계산 값을 ○ 안에 써넣으시오. (1~6)

1 24 42 35

$42+35-24=53$
또는 $35+42-24=53$

2 36 29 53

$53+36-29=60$
또는 $36+53-29=60$

3 72 13 25

$72+25-13=84$
또는 $25+72-13=84$

4 64 23 35

$64-23+35=76$
또는 $35-23+64=76$

5 34 53 22

$53-22+34=65$
또는 $34-22+53=65$

6 66 47 35

$66-35+47=78$
또는 $47-35+66=78$

주어진 조건을 보고 도형이 나타내는 수를 구하시오. (단, 같은 도형은 같은 수를 나타냅니다.) (7~11)

7 $14+△+△=76$ $△+11=▦$ $▦+25+21=●$

$●=88$

△의 십의 자리 숫자는 3, 일의 자리 숫자는 1입니다.

8 $13+●+●=59$ $●+15=△$ $△+10+21=▦$

$▦=69$

9 $16+▦+▦=98$ $17+▦=●$ $●-14-24=△$

$△=20$

10 $46-▦-▦=22$ $▦+13=△$ $△+21+43=●$

$●=89$

▦의 십의 자리 숫자는 1, 일의 자리 숫자는 2입니다.

11 $55-●-●=11$ $16+●=▦$ $▦-15-10=△$

$△=13$

확인 평가

□ 안에 알맞은 수를 써넣으시오. (1~8)

1 $32+24+12=68$
56
68

2 $51+23+15=89$
74
89

3 $43+22+33=98$

```
  4 3       6 5
+ 2 2     + 3 3
  6 5       9 8
```

4 $25+31+22=78$

```
  2 5       5 6
+ 3 1     + 2 2
  5 6       7 8
```

5 $76-21-24=31$
55
31

6 $87-43-32=12$
44
12

7 $68-13-42=13$

```
  6 8       5 5
- 1 3     - 4 2
  5 5       1 3
```

8 $99-26-41=32$

```
  9 9       7 3
- 2 6     - 4 1
  7 3       3 2
```

□ 안에 알맞은 수를 써넣으시오. (9~16)

9 $42+25-34=33$
67
33

10 $63+22-41=44$
85
44

11 $34+25-42=17$

```
  3 4       5 9
+ 2 5     - 4 2
  5 9       1 7
```

12 $56+33-62=27$

```
  5 6       8 9
+ 3 3     - 6 2
  8 9       2 7
```

13 $68-25+32=75$
43
75

14 $73-31+45=87$
42
87

15 $57-35+46=68$

```
  5 7       2 2
- 3 5     + 4 6
  2 2       6 8
```

16 $89-54+43=78$

```
  8 9       3 5
- 5 4     + 4 3
  3 5       7 8
```

확인 평가

⏰ 계산을 하시오. (17 ~ 32)

17 24+25+30= 79

18 16+21+32= 69

19 43+20+34= 97

20 52+15+22= 89

21 58−14−22= 22

22 76−24−30= 22

23 89−24−33= 32

24 98−13−42= 43

25 24+32−45= 11

26 36+42−53= 25

27 44+55−66= 33

28 53+25−34= 44

29 65−32+43= 76

30 74−52+36= 58

31 85−63+45= 67

32 94−51+24= 67

👑 크라운 **온라인 평가 응시 방법**

에듀왕닷컴 접속 www.eduwang.com
⬇
메인 상단 메뉴에서 단원평가 클릭
⬇
단계 및 단원 선택
⬇
온라인 단원평가 실시(30분 동안 평가 실시)
⬇
크라운 확인

각 단원평가를 통해 100점을 받으시면 크라운 1개를 드리며, 획득하신 크라운으로 에듀왕 닷컴에서 판매하고 있는 교재 및 서비스를 무료로 구매하실 수 있습니다.

(크라운 1개 – 1000원)

② 두 수의 덧셈과 뺄셈

계산은 빠르고 정확하게!

걸린 시간	1~4분	4~6분	6~8분
맞은 개수	18~19개	14~17개	1~13개
평가	참 잘했어요	잘했어요	좀더 노력해요

1 10을 두 수로 가르고 모으기(1)

월
일

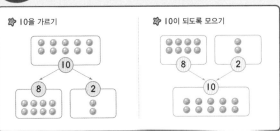

⏰ 10을 두 수로 가르려고 합니다. 빈 곳에 알맞은 수를 써넣으시오. (1 ~ 4)

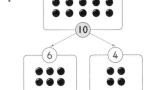

1

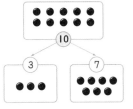

2

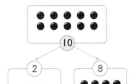

3

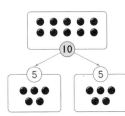

4

⏰ 10을 두 수로 가르려고 합니다. 빈 곳에 알맞은 수를 써넣으시오. (5 ~ 19)

5   10 → 1 9

6   10 → 7 3

7   10 → 5 5

8   10 → 3 7

9   10 → 1 9

10   10 → 2 8

11   10 → 6 4

12   10 → 8 2

13   10 → 4 6

14   10 → 9 1

15   10 → 3 7

16   10 → 9 1

17   10 → 8 2

18   10 → 4 6

19   10 → 4 6

1 10을 두 수로 가르고 모으기(2)

학습 날짜 월 일

10이 되도록 두 수를 모으려고 합니다. 빈 곳에 알맞은 수를 써넣으시오. (1~6)

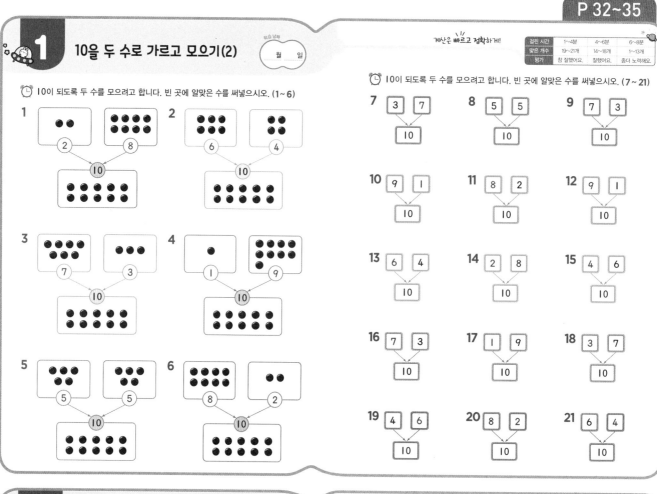

1 2 / 8 → 10
2 6 / 4 → 10
3 7 / 3 → 10
4 1 / 9 → 10
5 5 / 5 → 10
6 8 / 2 → 10

계산은 빠르고 정확하게!

걸린 시간	1~4분	4~6분	6~8분
맞은 개수	19~21개	14~18개	1~13개
평가	참 잘했어요.	잘했어요.	좀더 노력해요.

10이 되도록 두 수를 모으려고 합니다. 빈 곳에 알맞은 수를 써넣으시오. (7~21)

7 3 7 → 10
8 5 5 → 10
9 7 3 → 10
10 9 1 → 10
11 8 2 → 10
12 9 1 → 10
13 6 4 → 10
14 2 8 → 10
15 4 6 → 10
16 7 3 → 10
17 1 9 → 10
18 3 7 → 10
19 4 6 → 10
20 8 2 → 10
21 6 4 → 10

2 10을 세 수로 가르고 모으기(1)

학습 날짜 월 일

★ 10을 가르기

10 → 3 4 3

· 3과 4를 모으면 7이고
7과 3을 모으면 10입니다.

★ 10이 되도록 모으기

5 2 3 → 10

· 5과 2를 모으면 7이고
7과 3을 모으면 10입니다.

10을 세 수로 가르려고 합니다. 빈 곳에 알맞은 수를 써넣으시오. (1~4)

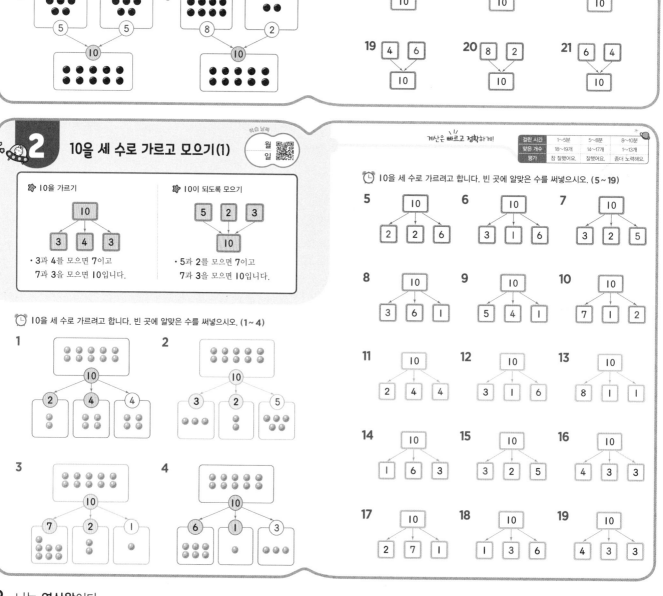

1 10 → 2 4 4
2 10 → 3 2 5
3 10 → 7 2 1
4 10 → 6 1 3

계산은 빠르고 정확하게!

걸린 시간	1~5분	5~8분	8~10분
맞은 개수	18~19개	14~17개	1~13개
평가	참 잘했어요.	잘했어요.	좀더 노력해요.

10을 세 수로 가르려고 합니다. 빈 곳에 알맞은 수를 써넣으시오. (5~19)

5 10 → 2 2 6
6 10 → 3 1 6
7 10 → 3 2 5
8 10 → 3 6 1
9 10 → 5 4 1
10 10 → 7 1 2
11 10 → 2 4 4
12 10 → 3 1 6
13 10 → 8 1 1
14 10 → 1 6 3
15 10 → 3 2 5
16 10 → 4 3 3
17 10 → 2 7 1
18 10 → 1 3 6
19 10 → 4 3 3

2 10을 세 수로 가르고 모으기(2)

월 일

계산은 빠르고 정확하게!

걸린 시간	1~5분	5~8분	8~10분
맞은 개수	19~21개	14~18개	1~13개
평가	참 잘했어요.	잘했어요.	좀더 노력해요.

10이 되도록 세 수를 모으려고 합니다. 빈 곳에 알맞은 수를 써넣으시오. (1~6)

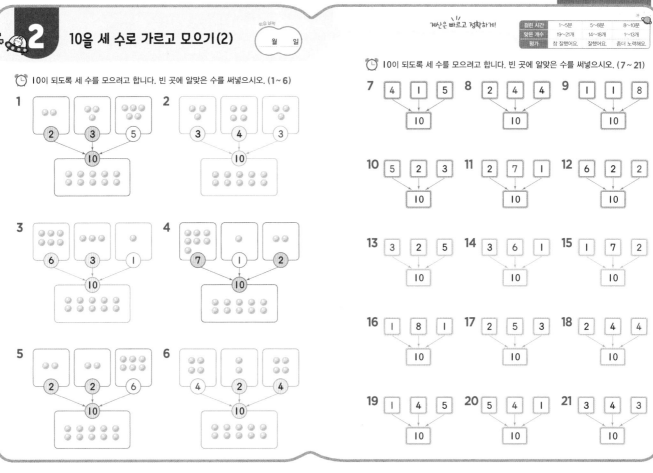

10이 되도록 세 수를 모으려고 합니다. 빈 곳에 알맞은 수를 써넣으시오. (7~21)

7 4 1 5 → 10 **8** 2 4 4 → 10 **9** 1 1 8 → 10

10 5 2 3 → 10 **11** 2 7 1 → 10 **12** 6 2 2 → 10

13 3 2 5 → 10 **14** 3 6 1 → 10 **15** 1 7 2 → 10

16 1 8 1 → 10 **17** 2 5 3 → 10 **18** 2 4 4 → 10

19 1 4 5 → 10 **20** 5 4 1 → 10 **21** 3 4 3 → 10

3 10이 되는 더하기(1)

월 일

계산은 빠르고 정확하게!

걸린 시간	1~4분	4~6분	6~8분
맞은 개수	13~14개	10~12개	1~9개
평가	참 잘했어요.	잘했어요.	좀더 노력해요.

더해서 10이 되는 두 수를 이용하여 □ 안에 알맞은 수를 구합니다.

예
7+3= 10
7과 3을 더하면 10이 됩니다.

예
7+ 3 =10
7과 더하서 10이 되는 수는 3입니다.

□ 안에 알맞은 수를 써넣으시오. (1~6)

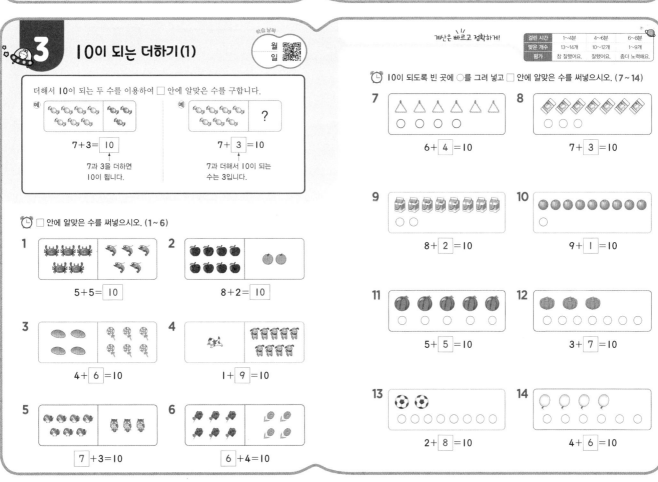

1 5+5= 10

2 8+2= 10

3 4+ 6 =10

4 1+ 9 =10

5 7 +3=10

6 6 +4=10

10이 되도록 빈 곳에 ○를 그려 넣고 □ 안에 알맞은 수를 써넣으시오. (7~14)

7 6+ 4 =10

8 7+ 3 =10

9 8+ 2 =10

10 9+ 1 =10

11 5+ 5 =10

12 3+ 7 =10

13 2+ 8 =10

14 4+ 6 =10

정답

3 10이 되는 더하기 (2)

학습 날짜
월 일

□ 안에 알맞은 수를 써넣으시오. (1~18)

1 2+**8**=10
2 **4**+6=10

3 4+**6**=10
4 **9**+1=10

5 6+**4**=10
6 **1**+9=10

7 5+**5**=10
8 **3**+7=10

9 9+**1**=10
10 **2**+8=10

11 7+**3**=10
12 **6**+4=10

13 8+**2**=10
14 **8**+2=10

15 3+**7**=10
16 **5**+5=10

17 1+**9**=10
18 **7**+3=10

계산은 빠르고 정확하게!

걸린 시간	1~7분	7~10분	10~12분
맞은 개수	33~36개	27~32개	1~26개
평가	참 잘했어요.	잘했어요.	좀더 노력해요.

□ 안에 알맞은 수를 써넣으시오. (19~36)

19 3+7=**10**
20 6+4=**10**

21 2+**8**=10
22 5+**5**=10

23 **4**+6=10
24 **7**+3=10

25 8+2=**10**
26 9+1=**10**

27 3+**7**=10
28 4+**6**=10

29 **6**+4=10
30 **5**+5=10

31 7+3=**10**
32 4+6=**10**

33 6+**4**=10
34 7+**3**=10

35 **8**+2=10
36 **9**+1=10

4 10에서 빼기 (1)

학습 날짜
월
일

10에서 빼기를 이용하여 □ 안에 알맞은 수를 구합니다.

10-7=**3**

10에서 7을 빼면
3이 됩니다.

10-**3**=7

10에서 3을 빼면
7이 됩니다.

□ 안에 알맞은 수를 써넣으시오. (1~6)

1
10-3=**7**

2
10-**5**=5

3
10-7=**3**

4
10-**1**=9

5
10-4=**6**

6
10-**2**=8

계산은 빠르고 정확하게!

걸린 시간	1~3분	3~5분	5~7분
맞은 개수	13~14개	10~12개	1~9개
평가	참 잘했어요.	잘했어요.	좀더 노력해요.

□ 안에 알맞은 수를 써넣으시오. (7~14)

7
10-2=**8**

8
10-**5**=5

9
10-4=**6**

10
10-**7**=3

11
10-8=**2**

12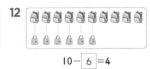
10-**6**=4

13
10-1=**9**

14
10-**3**=7

10 나는 **연산왕**이다.

4 10에서 빼기(2)

학습 날짜
월   일

□ 안에 알맞은 수를 써넣으시오. (1~10)

1 10-2= 8

2 10- 7 =3

3 10-5= 5

4 10- 4 =6

5 10-4= 6

6 10- 9 =1

7 10-7= 3

8 10- 5 =5

9 10-1= 9

10 10- 2 =8

계산은 빠르고 정확하게!

걸린 시간	1~6분	6~8분	8~10분
맞은 개수	26~28개	20~25개	1~19개
평가	참 잘했어요.	잘했어요.	좀더 노력해요.

□ 안에 알맞은 수를 써넣으시오. (11~28)

11 10-1= 9

12 10- 2 =8

13 10-3= 7

14 10- 4 =6

15 10-5= 5

16 10- 6 =4

17 10-7= 3

18 10- 8 =2

19 10-9= 1

20 10- 1 =9

21 10-2= 8

22 10- 3 =7

23 10-4= 6

24 10- 5 =5

25 10-6= 4

26 10- 7 =3

27 10-8= 2

28 10- 9 =1

---

5 10을 만들어 더하기(1)

학습 날짜
월
일

합이 10이 되는 두 수를 먼저 더한 뒤 나머지 수를 더합니다.
예 6+4+3   예 4+7+3   예 8+5+2
  10+3=13   4+10=14   10+5=15

합이 10이 되는 두 수를 먼저 더한 후 나머지 수를 더하여 세 수의 합을 구하시오.
(1~8)

1 2+8+4
   10 + 4 = 14

2 5+4+6
   5+ 10 = 15

3 3+7+3
   10 + 3 = 13

4 4+6+4
   4+ 10 = 14

5 8+2+9
   10 + 9 = 19

6 8+5+5
   8+ 10 = 18

7 4+2+6
   10 + 2 = 12

8 9+7+1
   10 + 7 = 17

계산은 빠르고 정확하게!

걸린 시간	1~5분	5~7분	7~10분
맞은 개수	19~20개	16~18개	1~15개
평가	참 잘했어요.	잘했어요.	좀더 노력해요.

합이 10이 되는 두 수를 ◯로 묶고, 세 수의 합을 구하시오. (9~20)

9
2 7
8
2+8+7= 17

10
6 1
9
6+1+9= 16

11
3 1
7
3+7+1= 11

12
9 4
6
9+4+6= 19

13
5 2
5
5+5+2= 12

14
2 8
6
2+6+8= 16

15
1 8
9
1+8+9= 18

16
7 6
3
7+3+6= 16

17
7 6
4
7+4+6= 17

18
5 5
3
5+3+5= 13

19
4 2
8
4+8+2= 14

20
3 7
8
3+7+8= 18

A-4 **11**

5 10을 만들어 더하기(2)

월 일

⏰ 빈 곳에 세 수의 합을 써넣으시오. (1~10)

걸린 시간	1~5분	5~7분	7~10분
맞은 개수	19~20개	16~18개	1~15개
평가	참 잘했어요.	잘했어요.	좀더 노력해요.

계산은 빠르고 정확하게!

1
3 9 1
13

2
7 3 5
15

3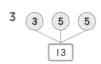
3 5 5
13

4
3 4 7
14

5
6 4 7
17

6
1 6 9
16

7
5 8 2
15

8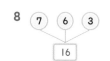
7 6 3
16

9
8 6 4
18

10
1 9 9
19

⏰ 빈 곳에 세 수의 합을 써넣으시오. (11~20)

11
8 3 7
18

12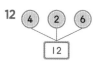
4 2 6
12

13
3 7 6
16

14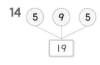
5 9 5
19

15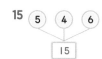
5 4 6
15

16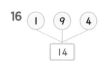
1 9 4
14

17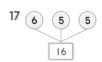
6 5 5
16

18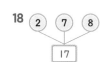
2 7 8
17

19
2 8 3
13

20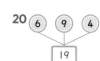
6 9 4
19

5 10을 만들어 더하기(3)

월 일

⏰ 계산을 하시오. (1~20)

걸린 시간	1~10분	10~12분	12~15분
맞은 개수	36~40개	28~35개	1~27개
평가	참 잘했어요.	잘했어요.	좀더 노력해요.

계산은 빠르고 정확하게!

1 8+2+3= 13
2 7+4+3= 14
3 6+5+5= 16
4 9+1+4= 14
5 6+5+4= 15
6 4+2+8= 14
7 3+7+2= 12
8 2+6+8= 16
9 4+4+6= 14
10 2+8+5= 15
11 9+1+8= 18
12 8+7+2= 17
13 3+7+7= 17
14 6+6+4= 16
15 8+2+8= 18
16 1+6+9= 16
17 6+4+9= 19
18 7+6+3= 16
19 2+5+8= 15
20 3+7+8= 18

⏰ □ 안에 알맞은 수를 써넣으시오. (21~40)

21 3+ 7 +5=15
22 4+6+ 7 =17
23 6 +4+3=13
24 3+ 7 +6=16
25 7+4+ 3 =14
26 5 +5+2=12
27 8+ 2 +7=17
28 9+3+ 1 =13
29 8 +2+5=15
30 7+ 1 +3=11
31 6+7+ 3 =16
32 2 +8+4=14
33 9+ 8 +2=19
34 6+8+ 4 =18
35 6 +4+6=16
36 3+ 4 +7=14
37 5+7+ 3 =15
38 7 +4+6=17
39 8+ 4 +2=14
40 2+6+ 8 =16

6 받아올림이 있는 (몇)+(몇)(1)

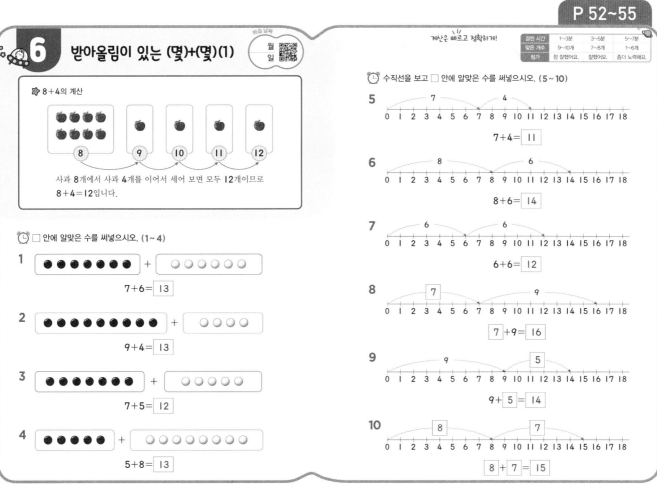

8+4의 계산

| 8 | 9 | 10 | 11 | 12 |

사과 8개에서 사과 4개를 이어서 세어 보면 모두 12개이므로
8+4=12입니다.

□ 안에 알맞은 수를 써넣으시오. (1~4)

1 ● + ○ 　 7+6= 13

2 ● + ○ 　 9+4= 13

3 ● + ○ 　 7+5= 12

4 ● + ○ 　 5+8= 13

계산은 빠르고 정확하게!

걸린 시간	1~3분	3~5분	5~7분
맞은 개수	9~10개	7~8개	1~6개
평가	참 잘했어요.	잘했어요.	좀더 노력해요.

수직선을 보고 □ 안에 알맞은 수를 써넣으시오. (5~10)

5 7 4 　 7+4= 11

6 8 6 　 8+6= 14

7 6 6 　 6+6= 12

8 7 9 　 7 +9= 16

9 9 5 　 9+ 5 = 14

10 8 7 　 8 + 7 = 15

6 받아올림이 있는 (몇)+(몇)(2)

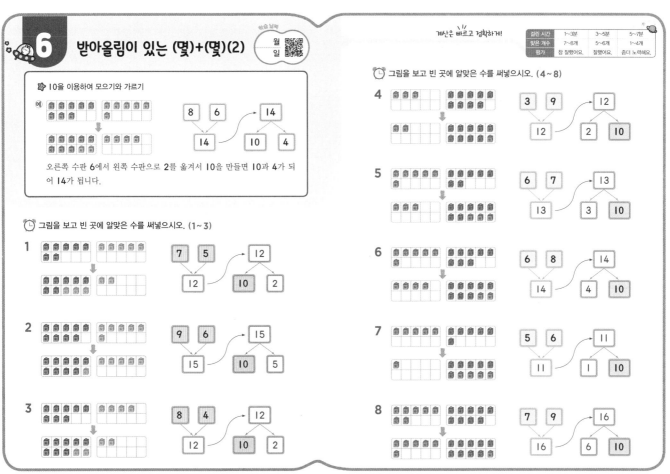

10을 이용하여 모으기와 가르기

(예)

| 8 | 6 | → | 14 |
| 14 | | 10 | 4 |

오른쪽 수판 6에서 왼쪽 수판으로 2를 옮겨서 10을 만들면 10과 4가 되어 14가 됩니다.

그림을 보고 빈 곳에 알맞은 수를 써넣으시오. (1~3)

1 | 7 | 5 | → | 12 |
| 12 | | 10 | 2 |

2 | 9 | 6 | → | 15 |
| 15 | | 10 | 5 |

3 | 8 | 4 | → | 12 |
| 12 | | 10 | 2 |

그림을 보고 빈 곳에 알맞은 수를 써넣으시오. (4~8)

4 | 3 | 9 | → | 12 |
| 12 | | 2 | 10 |

5 | 6 | 7 | → | 13 |
| 13 | | 3 | 10 |

6 | 6 | 8 | → | 14 |
| 14 | | 4 | 10 |

7 | 5 | 6 | → | 11 |
| 11 | | 1 | 10 |

8 | 7 | 9 | → | 16 |
| 16 | | 6 | 10 |

정답

6 받아올림이 있는 (몇)+(몇)(3)

월 일

계산은 빠르고 정확하게!

걸린 시간	1~6분	6~9분	9~12분
맞은 개수	19~20개	16~18개	1~15개
평가	참 잘했어요.	잘했어요.	좀더 노력해요.

빈 곳에 알맞은 수를 써넣으시오. (1~10)

1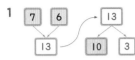

2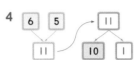

3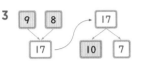

4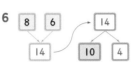

5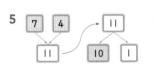

6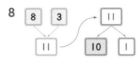

7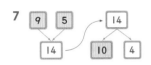

8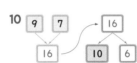

9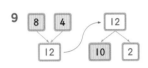

10

빈 곳에 알맞은 수를 써넣으시오. (11~20)

11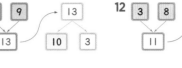

12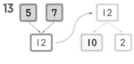

13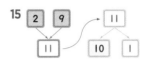

14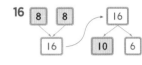

15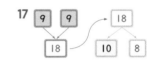

16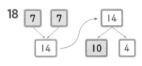

17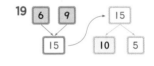

18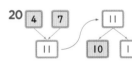

19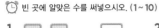

20

6 받아올림이 있는 (몇)+(몇)(4)

학습 날짜
월 일

두 수 중에서 작은 수를 큰 수와 더해서 10이 되도록 가르기 하여 계산합니다.

예
$8 + 6$
$8 + 2 + 4$
$10 + 4 = 14$
8과 더해서 10이 되는 수는 2이므로 6을 2와 4로 가르기 합니다.

예
$5 + 7$
$2 + 3 + 7$
$2 + 10 = 12$
7과 더해서 10이 되는 수는 3이므로 5를 2와 3으로 가르기 합니다.

계산은 빠르고 정확하게!

걸린 시간	1~5분	5~8분	8~10분
맞은 개수	13~14개	10~12개	1~9개
평가	참 잘했어요.	잘했어요.	좀더 노력해요.

□ 안에 알맞은 수를 써넣으시오. (1~6)

1
$7 + 4$
$7 + 3 + 1$
$10 + 1 = 11$

2
$5 + 9$
$4 + 1 + 9$
$4 + 10 = 14$

3
$8 + 5$
$8 + 2 + 3$
$10 + 3 = 13$

4
$6 + 7$
$3 + 3 + 7$
$3 + 10 = 13$

5
$9 + 7$
$9 + 1 + 6$
$10 + 6 = 16$

6
$7 + 8$
$5 + 2 + 8$
$5 + 10 = 15$

□ 안에 알맞은 수를 써넣으시오. (7~14)

7
$6 + 5$
$6 + 4 + 1$
$10 + 1 = 11$

8
$5 + 8$
$3 + 2 + 8$
$3 + 10 = 13$

9
$8 + 6$
$8 + 2 + 4$
$10 + 4 = 14$

10
$6 + 9$
$5 + 1 + 9$
$5 + 10 = 15$

11
$9 + 8$
$9 + 1 + 7$
$10 + 7 = 17$

12
$4 + 8$
$2 + 2 + 8$
$2 + 10 = 12$

13
$7 + 7$
$7 + 3 + 4$
$10 + 4 = 14$

14
$4 + 9$
$3 + 1 + 9$
$3 + 10 = 13$

6 받아올림이 있는 (몇)+(몇)(5)

학습 날짜 월 일

계산은 빠르고 정확하게!

걸린 시간	1~6분	6~9분	9~12분
맞은 개수	19~20개	16~18개	1~15개
평가	참 잘했어요.	잘했어요.	좀더 노력해요.

⏰ 빈 곳에 알맞은 수를 써넣으시오. (1~10)

1
+5, 7 → 12

2
+3, 8 → 11

3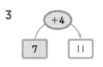
+4, 7 → 11

4
+5, 6 → 11

5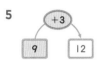
+3, 9 → 12

6
+5, 9 → 14

7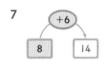
+6, 8 → 14

8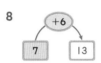
+6, 7 → 13

9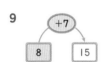
+7, 8 → 15

10
+8, 9 → 17

⏰ 빈 곳에 알맞은 수를 써넣으시오. (11~20)

11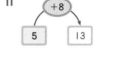
+8, 5 → 13

12
+7, 6 → 13

13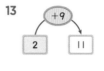
+9, 2 → 11

14
+8, 6 → 14

15
+7, 4 → 11

16
+9, 6 → 15

17
+8, 7 → 15

18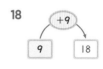
+9, 9 → 18

19
+9, 5 → 14

20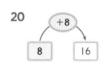
+8, 8 → 16

7 받아내림이 있는 (십몇)-(몇)(1)

학습 날짜 월 일

계산은 빠르고 정확하게!

걸린 시간	1~5분	5~8분	8~10분
맞은 개수	15~16개	12~14개	1~11개
평가	참 잘했어요.	잘했어요.	좀더 노력해요.

⚙ 뒤의 수를 가르는 뺄셈

뒤의 수를 앞의 수에서 뺐을 때 10이 되도록 가르기 하여 계산합니다.

예 15 - 7   15에서 5를 빼면
    ①   ← 10이 되므로 7을
15 - 5 - 2   5와 2로 가르기
    ②   합니다.
10 - 2 = 8

⚙ 앞의 수를 가르는 뺄셈

앞의 수를 십과 몇으로 가르기 한 후 10에서 뒤의 수를 먼저 빼서 계산합니다.

예 15 - 7   15를 10과
    ①   5로 가르기
10 - 7 + 5   합니다.
    ②
3 + 5 = 8

⏰ □ 안에 알맞은 수를 써넣으시오. (1~6)

1 13 - 7
13 - 3 - 4
10 - 4 = 6

2 11 - 8
11 - 1 - 7
10 - 7 = 3

3 14 - 6
14 - 4 - 2
10 - 2 = 8

4 12 - 7
12 - 2 - 5
10 - 5 = 5

5 15 - 8
15 - 5 - 3
10 - 3 = 7

6 12 - 6
12 - 2 - 4
10 - 4 = 6

⏰ □ 안에 알맞은 수를 써넣으시오. (7~16)

7 13 - 4
13 - 3 - 1
10 - 1 = 9

8 11 - 2
11 - 1 - 1
10 - 1 = 9

9 14 - 7
14 - 4 - 3
10 - 3 = 7

10 13 - 5
13 - 3 - 2
10 - 2 = 8

11 15 - 6
15 - 5 - 1
10 - 1 = 9

12 14 - 5
14 - 4 - 1
10 - 1 = 9

13 16 - 8
16 - 6 - 2
10 - 2 = 8

14 15 - 9
15 - 5 - 4
10 - 4 = 6

15 17 - 9
17 - 7 - 2
10 - 2 = 8

16 16 - 9
16 - 6 - 3
10 - 3 = 7

7 받아내림이 있는 (십몇)-(몇)(2)

월 일

□ 안에 알맞은 수를 써넣으시오. (1~10)

1
12 − 3
10 − 3 + 2
7 + 2 = 9

2
13 − 5
10 − 5 + 3
5 + 3 = 8

3
14 − 5
10 − 5 + 4
5 + 4 = 9

4
15 − 8
10 − 8 + 5
2 + 5 = 7

5
16 − 9
10 − 9 + 6
1 + 6 = 7

6
12 − 7
10 − 7 + 2
3 + 2 = 5

7
13 − 8
10 − 8 + 3
2 + 3 = 5

8
14 − 6
10 − 6 + 4
4 + 4 = 8

9
16 − 8
10 − 8 + 6
2 + 6 = 8

10
15 − 9
10 − 9 + 5
1 + 5 = 6

□ 안에 알맞은 수를 써넣으시오. (11~20)

11
12 − 6
10 − 6 + 2
4 + 2 = 6

12
11 − 4
10 − 4 + 1
6 + 1 = 7

13
17 − 8
10 − 8 + 7
2 + 7 = 9

14
15 − 7
10 − 7 + 5
3 + 5 = 8

15
14 − 9
10 − 9 + 4
1 + 4 = 5

16
12 − 5
10 − 5 + 2
5 + 2 = 7

17
16 − 7
10 − 7 + 6
3 + 6 = 9

18
14 − 8
10 − 8 + 4
2 + 4 = 6

19
17 − 9
10 − 9 + 7
1 + 7 = 8

20
13 − 7
10 − 7 + 3
3 + 3 = 6

7 받아내림이 있는 (십몇)-(몇)(3)

월 일

계산을 하시오. (1~20)

1 11−7= 4

2 12−5= 7

3 13−4= 9

4 14−9= 5

5 15−8= 7

6 16−7= 9

7 11−6= 5

8 12−4= 8

9 13−5= 8

10 14−8= 6

11 15−9= 6

12 16−8= 8

13 17−9= 8

14 11−5= 6

15 12−3= 9

16 13−6= 7

17 14−7= 7

18 15−6= 9

19 16−9= 7

20 17−8= 9

계산을 하시오. (21~38)

21
1 2
− 6
6

22
1 3
− 7
6

23
1 4
− 6
8

24
1 1
− 9
2

25
1 2
− 7
5

26
1 7
− 8
9

27
1 8
− 9
9

28
1 1
− 4
7

29
1 2
− 3
9

30
1 3
− 8
5

31
1 4
− 7
7

32
1 5
− 6
9

33
1 1
− 8
3

34
1 3
− 9
4

35
1 4
− 6
8

36
1 1
− 2
9

37
1 4
− 5
9

38
1 2
− 9
3

7 받아내림이 있는 (십몇)-(몇)(4)

월 일

계산은 빠르고 정확하게!

걸린 시간	1~6분	6~9분	9~12분
맞은 개수	19~20개	14~18개	1~13개
평가	참 잘했어요.	잘했어요.	좀더 노력해요.

⏰ 빈 곳에 알맞은 수를 써넣으시오. (1~10)

1 11 −8 → 3

2 12 −7 → 5

3 14 −5 → 9

4 13 −7 → 6

5 15 −9 → 6

6 11 −9 → 2

7 12 −8 → 4

8 13 −9 → 4

9 14 −8 → 6

10 15 −8 → 7

⏰ □ 안에 알맞은 수를 써넣으시오. (11~20)

11 11 −6 → 5

12 15 −7 → 8

13 14 −7 → 7

14 16 −8 → 8

15 12 −6 → 6

16 17 −9 → 8

17 16 −9 → 7

18 12 −9 → 3

19 13 −6 → 7

20 15 −6 → 9

8 신기한 연산

월 일

계산은 빠르고 정확하게!

걸린 시간	1~8분	8~12분	12~16분
맞은 개수	12~13개	9~11개	1~8개
평가	참 잘했어요.	잘했어요.	좀더 노력해요.

⏰ 다음과 같이 7장의 숫자 카드가 있습니다. 이 중 2장을 골라 덧셈식을 만들려고 합니다. 물음에 답하시오. (1~4)

3 4 7 8 5 9 6

1 합이 11인 덧셈식을 모두 만들어 보시오.

3 + 8 =11   4 + 7 =11   5 + 6 =11
6 + 5 =11   7 + 4 =11   8 + 3 =11

2 합이 12인 덧셈식을 모두 만들어 보시오.

3 + 9 =12   4 + 8 =12   5 + 7 =12
7 + 5 =12   8 + 4 =12   9 + 3 =12

3 합이 13인 덧셈식을 모두 만들어 보시오.

4 + 9 =13   5 + 8 =13   6 + 7 =13
7 + 6 =13   8 + 5 =13   9 + 4 =13

4 합이 14인 덧셈식을 모두 만들어 보시오.

5 + 9 =14   6 + 8 =14
8 + 6 =14   9 + 5 =14

⏰ 보기 와 같이 위쪽의 두 수의 차를 아래쪽 빈 곳에 써넣을 때 ☆에 알맞은 수를 구하시오. (5~13)

보기
12 7 14
12-7=5 → 5 7 ← 14-7=7
2 ← 7-5=2

5 16 7 13 / 9 6 / ☆   ☆= 3

6 16 7 12 / 9 5 / ☆   ☆= 4

7 12 9 18 / 3 9 / ☆   ☆= 6

8 13 5 18 / 8 13 / ☆   ☆= 5

9 15 8 12 / 7 4 / ☆   ☆= 3

10 16 9 12 / 7 3 / ☆   ☆= 4

11 12 4 17 / 8 13 / ☆   ☆= 5

12 18 9 14 / 9 5 / ☆   ☆= 4

13 14 9 13 / 5 4 / ☆   ☆= 1

A-4 17

 확인 평가

걸린 시간	1~15분	15~20분	20~25분
맞은 개수	47~52개	37~46개	1~36개
평가	참 잘했어요	잘했어요	좀더 노력해요

빈 곳에 알맞은 수를 써넣으시오. (1~12)

1 10 → 3 7

2 10 → 5 5

3 10 → 4 6

4 2 8 → 10

5 1 9 → 10

6 7 3 → 10

7 10 → 3 2 5

8 10 → 4 5 1

9 10 → 6 3 1

10 1 2 7 → 10

11 1 6 3 → 10

12 4 4 2 → 10

□ 안에 알맞은 수를 써넣으시오. (13~32)

13 3+ 7 =10　　**14** 6+ 4 =10

15 8 +2=10　　**16** 5 +5=10

17 7+ 3 =10　　**18** 8+ 2 =10

19 10−7= 3 　　**20** 10−2= 8

21 10− 6 =4　　**22** 10− 9 =1

23 10− 4 =6　　**24** 10− 8 =2

25 8+5+2= 15 　　**26** 6+4+3= 13

27 7+4+3= 14 　　**28** 4+5+5= 14

29 6+7+ 3 =16　　**30** 3+ 4 +7=14

31 3 +3+7=13　　**32** 9+ 4 +6=19

 확인 평가

계산을 하시오. (33~52)

33 9+3= 12 　　**34** 8+5= 13

35 7+4= 11 　　**36** 9+6= 15

37 7+7= 14 　　**38** 8+4= 12

39 5+7= 12 　　**40** 3+8= 11

41 4+9= 13 　　**42** 7+8= 15

43 14−8= 6 　　**44** 15−9= 6

45 13−5= 8 　　**46** 12−7= 5

47 16−7= 9 　　**48** 17−9= 8

49 11−5= 6 　　**50** 12−4= 8

51 18−9= 9 　　**52** 14−7= 7

👑 크라운 온라인 평가 응시 방법

에듀왕닷컴 접속 www.eduwang.com

⊗

메인 상단 메뉴에서 단원평가 클릭

⊗

단계 및 단원 선택

⊗

온라인 단원평가 실시(30분 동안 평가 실시)

⊗

크라운 확인

각 단원평가를 통해 100점을 받으시면 크라운 1개를 드리며, 획득하신 크라운으로 에듀왕 닷컴에서 판매하고 있는 교재 및 서비스를 무료로 구매하실 수 있습니다.

(크라운 1개 – 1000원)

1 더하고 더하기(1)

학습 날짜
월 일

✿ 3+6+8의 계산 – 가로셈

$\boxed{3+6}+8=17$
$9+8=17$

✿ 3+6+8의 계산 – 세로셈

3+6+8=17

3	→	9
+ 6		+ 8
9		1 7

계산은 빠르고 정확하게!

걸린 시간	1~5분	5~8분	8~10분
맞은 개수	15~16개	12~14개	1~11개
평가	참 잘했어요.	잘했어요.	좀더 노력해요.

⏱ □ 안에 알맞은 수를 써넣으시오. (1~8)

1 $\boxed{5+4}+7=\boxed{16}$
$\boxed{9}+7=\boxed{16}$

2 $\boxed{5+8}+4=\boxed{17}$
$\boxed{13}+4=\boxed{17}$

3 $\boxed{4+4}+6=\boxed{14}$
$\boxed{8}+6=\boxed{14}$

4 $\boxed{8+7}+4=\boxed{19}$
$\boxed{15}+4=\boxed{19}$

5 $\boxed{3+6}+9=\boxed{18}$
$\boxed{9}+9=\boxed{18}$

6 $\boxed{6+8}+5=\boxed{19}$
$\boxed{14}+5=\boxed{19}$

7 $\boxed{2+6}+7=\boxed{15}$
$\boxed{8}+7=\boxed{15}$

8 $\boxed{6+6}+5=\boxed{17}$
$\boxed{12}+5=\boxed{17}$

⏱ □ 안에 알맞은 수를 써넣으시오. (9~16)

9 $3+5+7=\boxed{15}$

3	→	8
+ 5		+ 7
8		15

10 $5+2+9=\boxed{16}$

5	→	7
+ 2		+ 9
7		16

11 $3+4+8=\boxed{15}$

3	→	7
+ 4		+ 8
7		15

12 $6+3+6=\boxed{15}$

6	→	9
+ 3		+ 6
9		15

13 $8+3+6=\boxed{17}$

8	→	11
+ 3		+ 6
11		17

14 $6+9+2=\boxed{17}$

6	→	15
+ 9		+ 2
15		17

15 $7+5+7=\boxed{19}$

7	→	12
+ 5		+ 7
12		19

16 $8+3+8=\boxed{19}$

8	→	11
+ 3		+ 8
11		19

1 더하고 더하기(2)

학습 날짜
월 일

⏱ 계산을 하시오. (1~16)

1 $3+3+8=\boxed{14}$ **2** $4+3+9=\boxed{16}$

3 $5+2+6=\boxed{13}$ **4** $3+5+9=\boxed{17}$

5 $2+4+9=\boxed{15}$ **6** $7+2+4=\boxed{13}$

7 $6+3+5=\boxed{14}$ **8** $3+5+8=\boxed{16}$

9 $7+4+4=\boxed{15}$ **10** $8+5+4=\boxed{17}$

11 $6+5+7=\boxed{18}$ **12** $9+3+5=\boxed{17}$

13 $4+8+3=\boxed{15}$ **14** $5+7+6=\boxed{18}$

15 $3+9+4=\boxed{16}$ **16** $2+9+7=\boxed{18}$

계산은 빠르고 정확하게!

걸린 시간	1~10분	10~15분	15~20분
맞은 개수	20~22개	16~19개	1~15개
평가	참 잘했어요.	잘했어요.	좀더 노력해요.

⏱ 빈 곳에 알맞은 수를 써넣으시오. (17~22)

17
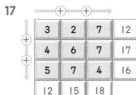

+	3	2	7	12
+	4	6	7	17
+	5	7	4	16
	12	15	18	

18

4	8	5	17
5	1	8	14
7	6	3	16
16	15	16	

19

5	3	6	14
7	6	5	18
6	3	8	17
18	12	19	

20

6	5	7	18
3	4	6	13
8	9	2	19
17	18	15	

21

7	4	5	16
3	8	4	15
6	5	2	13
16	17	11	

22

8	3	5	16
4	5	3	12
7	6	4	17
19	14	12	

2 빼고 빼기(1)

☆ 18-4-7의 계산 - 가로셈

$$18-4-7=7$$
14
7

☆ 18-4-7의 계산 - 세로셈

18-4-7=7
```
 18      14
-  4    -  7
 14       7
```

계산은 빠르고 정확하게!

걸린 시간	1~4분	4~6분	6~8분
맞은 개수	13~14개	10~12개	1~9개
평가	참 잘했어요.	잘했어요.	좀더 노력해요.

⏰ □ 안에 알맞은 수를 써넣으시오. (1~6)

1 16-4-5= 7
12
7

2 13-8-2= 3
5
3

3 14-2-8= 4
12
4

4 15-9-3= 3
6
3

5 17-3-7= 7
14
7

6 19-7-5= 7
12
7

⏰ □ 안에 알맞은 수를 써넣으시오. (7~14)

7 15-3-4= 8
```
 15      12
-  3    -  4
 12       8
```

8 13-5-2= 6
```
 13       8
-  5    -  2
  8       6
```

9 17-5-4= 8
```
 17      12
-  5    -  4
 12       8
```

10 14-6-3= 5
```
 14       8
-  6    -  3
  8       5
```

11 16-4-5= 7
```
 16      12
-  4    -  5
 12       7
```

12 18-7-4= 7
```
 18      11
-  7    -  4
 11       7
```

13 12-5-3= 4
```
 12       7
-  5    -  3
  7       4
```

14 19-6-8= 5
```
 19      13
-  6    -  8
 13       5
```

2 빼고 빼기(2)

계산은 빠르고 정확하게!

걸린 시간	1~8분	8~12분	12~16분
맞은 개수	26~28개	20~25개	1~19개
평가	참 잘했어요.	잘했어요.	좀더 노력해요.

⏰ 계산을 하시오. (1~16)

1 12-3-4= 5

2 13-2-7= 4

3 14-5-2= 7

4 15-3-6= 6

5 16-4-9= 3

6 17-4-8= 5

7 18-3-8= 7

8 19-5-7= 7

9 11-4-4= 3

10 12-5-3= 4

11 13-6-2= 5

12 14-6-3= 5

13 15-6-6= 3

14 16-7-5= 4

15 17-4-7= 6

16 18-6-5= 7

⏰ 가장 큰 수에서 나머지 두 수를 차례로 빼어 나온 값을 빈 곳에 써넣으시오. (17~28)

17
14 / 7 4 3

18
5 / 4 4 13

19
3 / 15 6 6

20
18 / 7 7 4

21
7 / 4 8 19

22
8 / 16 5 3

23
12 / 5 5 2

24
5 / 6 6 17

25
7 / 13 1 5

26
16 / 7 7 2

27
5 / 7 6 18

28
8 / 19 8 3

3 더하고 빼기(1)

월 일

✿ 7+6−8의 계산 - 가로셈

$$7+6-8=5$$
13
5

✿ 7+6−8의 계산 - 세로셈

7+6−8=5
```
    7        13
  + 6      −  8
   13         5
```

계산은 빠르고 정확하게!

걸린 시간	1~4분	4~6분	6~8분
맞은 개수	13~14개	10~12개	1~9개
평가	참 잘했어요.	잘했어요.	좀더 노력해요.

⏰ □ 안에 알맞은 수를 써넣으시오. (1~6)

1 8+7−6= 9
15
9

2 5+9−7= 7
14
7

3 6+7−5= 8
13
8

4 4+8−9= 3
12
3

5 12+5−8= 9
17
9

6 11+5−9= 7
16
7

⏰ □ 안에 알맞은 수를 써넣으시오. (7~14)

7 8+5−7= 6
```
    8        13
  + 5      −  7
   13         6
```

8 8+4−9= 3
```
    8        12
  + 4      −  9
   12         3
```

9 9+6−8= 7
```
    9        15
  + 6      −  8
   15         7
```

10 7+8−9= 6
```
    7        15
  + 8      −  9
   15         6
```

11 12+5−9= 8
```
   12        17
  + 5      −  9
   17         8
```

12 13+3−7= 9
```
   13        16
  + 3      −  7
   16         9
```

13 14+2−8= 8
```
   14        16
  + 2      −  8
   16         8
```

14 11+3−9= 5
```
   11        14
  + 3      −  9
   14         5
```

---

3 더하고 빼기(2)

월 일

⏰ 계산을 하시오. (1~16)

1 4+9−7= 6

2 5+7−8= 4

3 6+8−5= 9

4 7+4−6= 5

5 8+5−6= 7

6 9+3−8= 4

7 8+8−9= 7

8 7+8−6= 9

9 11+3−6= 8

10 12+5−9= 8

11 13+2−8= 7

12 12+4−8= 8

13 14+3−9= 8

14 15+1−7= 9

15 12+2−7= 7

16 11+5−9= 7

계산은 빠르고 정확하게!

걸린 시간	1~8분	8~12분	12~16분
맞은 개수	24~26개	19~23개	1~18개
평가	참 잘했어요.	잘했어요.	좀더 노력해요.

⏰ 빈 곳에 알맞은 수를 써넣으시오. (17~26)

17 5 →(+7)→(−6)→ 6

18 3 →(+9)→(−5)→ 7

19 4 →(+9)→(−7)→ 6

20 6 →(+8)→(−7)→ 7

21 7 →(+9)→(−8)→ 8

22 9 →(+5)→(−7)→ 7

23 8 →(+8)→(−7)→ 9

24 11 →(+4)→(−6)→ 9

25 3 →(+12)→(−8)→ 7

26 13 →(+2)→(−9)→ 6

정답

4 빼고 더하기(1)

학습 날짜
월
일

☞ 14−8+5의 계산 – 가로셈

14−8+5=11
6
11

☞ 14−8+5의 계산 – 세로셈

14−8+5=11 ←
```
  1 4      6
−   8    + 5
  6        1 1
```

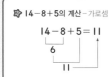

⏰ □ 안에 알맞은 수를 써넣으시오. (1~6)

1 12−5+6= 13
7
13

2 13−6+8= 15
7
15

3 14−6+4= 12
8
12

4 15−9+8= 14
6
14

5 16−8+7= 15
8
15

6 17−9+8= 16
8
16

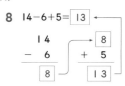

계산은 빠르고 정확하게!

걸린 시간	1~4분	4~6분	6~8분
맞은 개수	13~14개	10~12개	1~9개
평가	참 잘했어요.	잘했어요.	좀더 노력해요.

⏰ □ 안에 알맞은 수를 써넣으시오. (7~14)

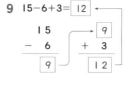

7 13−4+6= 15
```
  1 3      9
−   4    + 6
  9        1 5
```

8 14−6+5= 13
```
  1 4      8
−   6    + 5
  8        1 3
```

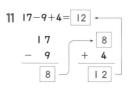 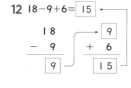

9 15−6+3= 12
```
  1 5      9
−   6    + 3
  9        1 2
```

10 16−8+7= 15
```
  1 6      8
−   8    + 7
  8        1 5
```

11 17−9+4= 12
```
  1 7      8
−   9    + 4
  8        1 2
```

12 18−9+6= 15
```
  1 8      9
−   9    + 6
  9        1 5
```

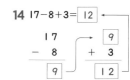

13 14−7+9= 16
```
  1 4      7
−   7    + 9
  7        1 6
```

14 17−8+3= 12
```
  1 7      9
−   8    + 3
  9        1 2
```

---

4 빼고 더하기(2)

학습 날짜
월   일

⏰ 계산을 하시오. (1~16)

1 12−9+5= 8

2 13−7+6= 12

3 14−8+7= 13

4 15−6+7= 16

5 16−7+8= 17

6 17−8+9= 18

7 18−9+4= 13

8 14−8+4= 10

9 11−7+8= 12

10 13−5+9= 17

11 15−7+6= 14

12 16−9+3= 10

13 14−5+7= 16

14 17−8+3= 12

15 12−8+7= 11

16 18−9+6= 15

계산은 빠르고 정확하게!

걸린 시간	1~8분	8~12분	12~16분
맞은 개수	24~26개	19~23개	1~18개
평가	참 잘했어요.	잘했어요.	좀더 노력해요.

⏰ 빈 곳에 알맞은 수를 써넣으시오. (17~26)

17 14 −7 +5 12

18 16 −8 +4 12

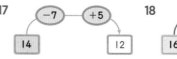 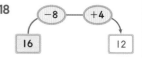

19 15 −9 +6 12

20 17 −8 +5 14

21 12 −7 +9 14

22 13 −6 +8 15

23 14 −8 +5 11

24 16 −9 +4 11

25 18 −9 +7 16

26 11 −8 +9 12

5 덧셈식을 보고 뺄셈식 만들기

학습 날짜
월
일

14+4=18을 뺄셈식으로 만들기

●●●●●●●●● + ○○ ○○

$14+4=18$ $\begin{cases} 18-14=4 \\ 18-4=14 \end{cases}$

하나의 덧셈식은 두 개의 뺄셈식으로 만들 수 있습니다.

덧셈식을 보고 뺄셈식을 만들어 보시오. (1~4)

1 ●●●●●●● + ○○○ $12+6=18$ $\begin{cases} 18-\boxed{12}=6 \\ 18-\boxed{6}=12 \end{cases}$

2 ●●●●●● + ○○○ $13+5=18$ $\begin{cases} 18-\boxed{13}=5 \\ 18-\boxed{5}=13 \end{cases}$

3 ●●●● + ○○○○○○ $8+11=19$ $\begin{cases} 19-\boxed{8}=11 \\ 19-\boxed{11}=8 \end{cases}$

4 ● + ○○○○○○○ $3+14=17$ $\begin{cases} 17-\boxed{3}=14 \\ 17-\boxed{14}=3 \end{cases}$

계산은 빠르고 정확하게!

걸린 시간	1~5분	5~8분	8~10분
맞은 개수	15~16개	12~14개	1~11개
평가	참 잘했어요	잘했어요	좀더 노력해요

덧셈식을 보고 뺄셈식을 만들어 보시오. (5~16)

5 $8+9=17$ $\begin{cases} 17-\boxed{8}=9 \\ 17-\boxed{9}=8 \end{cases}$

6 $12+3=15$ $\begin{cases} 15-\boxed{12}=3 \\ 15-\boxed{3}=12 \end{cases}$

7 $4+14=18$ $\begin{cases} 18-\boxed{4}=14 \\ 18-\boxed{14}=4 \end{cases}$

8 $6+8=14$ $\begin{cases} 14-\boxed{6}=8 \\ 14-\boxed{8}=6 \end{cases}$

9 $23+6=29$ $\begin{cases} 29-\boxed{23}=6 \\ 29-\boxed{6}=23 \end{cases}$

10 $6+31=37$ $\begin{cases} 37-\boxed{6}=31 \\ 37-\boxed{31}=6 \end{cases}$

11 $5+7=12$ $\begin{cases} 12-\boxed{5}=7 \\ 12-\boxed{7}=5 \end{cases}$

12 $13+6=19$ $\begin{cases} 19-\boxed{13}=6 \\ 19-\boxed{6}=13 \end{cases}$

13 $7+11=18$ $\begin{cases} 18-\boxed{7}=11 \\ 18-\boxed{11}=7 \end{cases}$

14 $21+6=27$ $\begin{cases} 27-\boxed{21}=6 \\ 27-\boxed{6}=21 \end{cases}$

15 $20+16=36$ $\begin{cases} 36-\boxed{20}=16 \\ 36-\boxed{16}=20 \end{cases}$

16 $32+15=47$ $\begin{cases} 47-\boxed{32}=15 \\ 47-\boxed{15}=32 \end{cases}$

6 덧셈식에서 ■의 값 구하기

학습 날짜
월
일

$16+■=19$에서 ■의 값 구하기

$16+■=19$ → $19-16=■$, $■=3$

□ 안에 알맞은 수를 써넣어 ◆의 값을 구하시오. (1~6)

1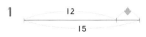
$12+◆=15$
→ $15-12=◆$, $◆=\boxed{3}$

2
$◆+5=17$
→ $17-5=◆$, $◆=\boxed{12}$

3
$11+◆=16$
→ $16-\boxed{11}=◆$, $◆=\boxed{5}$

4
$◆+7=18$
→ $18-\boxed{7}=◆$, $◆=\boxed{11}$

5
$22+◆=27$
→ $27-\boxed{22}=◆$, $◆=\boxed{5}$

6
$◆+11=19$
→ $\boxed{19}-11=◆$, $◆=\boxed{8}$

계산은 빠르고 정확하게!

걸린 시간	1~6분	6~9분	9~12분
맞은 개수	17~18개	13~16개	1~12개
평가	참 잘했어요	잘했어요	좀더 노력해요

□ 안에 알맞은 수를 써넣어 ◆의 값을 구하시오. (7~18)

7 $6+◆=15$
→ $15-\boxed{6}=◆$, $◆=\boxed{9}$

8 $8+◆=16$
→ $16-\boxed{8}=◆$, $◆=\boxed{8}$

9 $7+◆=13$
→ $13-\boxed{7}=◆$, $◆=\boxed{6}$

10 $5+◆=14$
→ $14-\boxed{5}=◆$, $◆=\boxed{9}$

11 $9+◆=12$
→ $12-\boxed{9}=◆$, $◆=\boxed{3}$

12 $8+◆=11$
→ $11-\boxed{8}=◆$, $◆=\boxed{3}$

13 $9+◆=13$
→ $\boxed{13}-\boxed{9}=◆$, $◆=\boxed{4}$

14 $◆+7=15$
→ $\boxed{15}-\boxed{7}=◆$, $◆=\boxed{8}$

15 $4+◆=11$
→ $\boxed{11}-\boxed{4}=◆$, $◆=\boxed{7}$

16 $◆+8=17$
→ $\boxed{17}-\boxed{8}=◆$, $◆=\boxed{9}$

17 $9+◆=18$
→ $\boxed{18}-\boxed{9}=◆$, $◆=\boxed{9}$

18 $◆+8=14$
→ $\boxed{14}-\boxed{8}=◆$, $◆=\boxed{6}$

7 뺄셈식을 보고 덧셈식 만들기

 월 일

☆ 16-4=12를 덧셈식으로 만들기

처음 귤의 수

남은 귤의 수
$16-4=12$
덜어낸 귤의 수

$4+12=16$
$12+4=16$

하나의 뺄셈식은 두 개의 덧셈식으로 만들 수 있습니다.

계산은 빠르고 정확하게!

걸린 시간	1~5분	5~8분	8~10분
맞은 개수	15~16개	12~14개	1~11개
평가	참 잘했어요.	잘했어요.	좀더 노력해요.

⏰ 뺄셈식을 보고 덧셈식을 만들어 보시오. (1~4)

1
$15-6=9$
$9+\boxed{6}=15$
$6+\boxed{9}=15$

2
$16-7=9$
$9+\boxed{7}=16$
$7+\boxed{9}=16$

3
$18-12=6$
$6+\boxed{12}=18$
$12+\boxed{6}=18$

4
$17-9=8$
$8+\boxed{9}=17$
$9+\boxed{8}=17$

⏰ 뺄셈식을 보고 덧셈식을 만들어 보시오. (5~16)

5 $13-5=8$
$8+\boxed{5}=13$
$5+\boxed{8}=13$

6 $14-8=6$
$\boxed{6}+8=14$
$\boxed{8}+6=14$

7 $15-9=6$
$6+\boxed{9}=15$
$9+\boxed{6}=15$

8 $16-5=11$
$\boxed{11}+5=16$
$5+\boxed{11}=16$

9 $12-7=5$
$5+\boxed{7}=12$
$7+\boxed{5}=12$

10 $17-8=9$
$\boxed{9}+8=17$
$8+\boxed{9}=17$

11 $27-5=22$
$22+\boxed{5}=27$
$5+\boxed{22}=27$

12 $36-4=32$
$\boxed{32}+4=36$
$4+\boxed{32}=36$

13 $14-9=5$
$5+\boxed{9}=14$
$9+\boxed{5}=14$

14 $13-7=6$
$\boxed{6}+7=13$
$7+\boxed{6}=13$

15 $12-8=4$
$4+\boxed{8}=12$
$8+\boxed{4}=12$

16 $11-5=6$
$\boxed{6}+5=11$
$5+\boxed{6}=11$

8 뺄셈식에서 ■의 값 구하기

월 일

☆ ■-4=7에서 ■의 값 구하기

7 　 4

$■-4=7$
➡ $7+4=■$, $■=11$

$■-4=7$
➡ $■=7+4$, $■=11$

계산은 빠르고 정확하게!

걸린 시간	1~6분	6~9분	9~12분
맞은 개수	17~18개	13~16개	1~12개
평가	참 잘했어요.	잘했어요.	좀더 노력해요.

⏰ □ 안에 알맞은 수를 써넣어 ★의 값을 구하시오. (1~6)

1
9 　 3
★-3=9
➡ ★=9+3, ★=$\boxed{12}$

2
5 　 8
★-8=5
➡ ★=5+8, ★=$\boxed{13}$

3
8 　 7
★-7=8
➡ ★=8+7, ★=$\boxed{15}$

4
8 　 6
★-6=8
➡ ★=8+6, ★=$\boxed{14}$

5
4 　 9
★-9=4
➡ ★=4+9, ★=$\boxed{13}$

6
5 　 7
★-7=5
➡ ★=5+7, ★=$\boxed{12}$

⏰ □ 안에 알맞은 수를 써넣어 ★의 값을 구하시오. (7~18)

7 ★-4=8
➡ ★=$\boxed{8}+\boxed{4}$, ★=$\boxed{12}$

8 ★-7=6
➡ ★=$\boxed{6}+\boxed{7}$, ★=$\boxed{13}$

9 ★-5=9
➡ ★=$\boxed{9}+\boxed{5}$, ★=$\boxed{14}$

10 ★-6=5
➡ ★=$\boxed{5}+\boxed{6}$, ★=$\boxed{11}$

11 ★-8=7
➡ ★=$\boxed{7}+\boxed{8}$, ★=$\boxed{15}$

12 ★-9=4
➡ ★=$\boxed{4}+\boxed{9}$, ★=$\boxed{13}$

13 ★-4=7
➡ ★=$\boxed{7}+\boxed{4}$, ★=$\boxed{11}$

14 ★-7=5
➡ ★=$\boxed{5}+\boxed{7}$, ★=$\boxed{12}$

15 ★-5=8
➡ ★=$\boxed{8}+\boxed{5}$, ★=$\boxed{13}$

16 ★-6=6
➡ ★=$\boxed{6}+\boxed{6}$, ★=$\boxed{12}$

17 ★-8=6
➡ ★=$\boxed{6}+\boxed{8}$, ★=$\boxed{14}$

18 ★-9=9
➡ ★=$\boxed{9}+\boxed{9}$, ★=$\boxed{18}$

9 세 수의 덧셈식과 뺄셈식에서 ■의 값 구하기(1)

월 일

```
3 + 5 + ■ = 15        17 - 4 - ■ = 5
    8 + ■ = 15            13 - ■ = 5
      ■ = 15-8              ■ = 13-5
      ■ = 7                ■ = 8

12 - 4 + ■ = 14       8 + 6 - ■ = 7
    8 + ■ = 14           14 - ■ = 7
      ■ = 14-8             ■ = 14-7
      ■ = 6               ■ = 7
```

□ 안에 알맞은 수를 써넣으시오. (1~4)

1 2+5+♥=16
→ 7 + ♥ = 16
→ ♥ = 16 - 7
→ ♥ = 9

2 3+6+♥=16
→ 9 + ♥ = 16
→ ♥ = 16 - 9
→ ♥ = 7

3 4+7+♥=14
→ 11 + ♥ = 14
→ ♥ = 14 - 11
→ ♥ = 3

4 5+8+♥=17
→ 13 + ♥ = 17
→ ♥ = 17 - 13
→ ♥ = 4

계산은 빠르고 정확하게!

걸린 시간	1~8분	8~12분	12~16분
맞은 개수	11~12개	8~10개	1~7개
평가	참 잘했어요.	잘했어요.	좀더 노력해요.

□ 안에 알맞은 수를 써넣으시오. (5~12)

5 ♥+1+4=18
→ ♥ + 5 = 18
→ ♥ = 18 - 5
→ ♥ = 13

6 ♥+2+5=17
→ ♥ + 7 = 17
→ ♥ = 17 - 7
→ ♥ = 10

7 ♥+3+6=16
→ ♥ + 9 = 16
→ ♥ = 16 - 9
→ ♥ = 7

8 ♥+4+7=19
→ ♥ + 11 = 19
→ ♥ = 19 - 11
→ ♥ = 8

9 2+♥+6=15
→ ♥ + 8 = 15
→ ♥ = 15 - 8
→ ♥ = 7

10 3+♥+8=14
→ ♥ + 11 = 14
→ ♥ = 14 - 11
→ ♥ = 3

11 4+♥+9=16
→ ♥ + 13 = 16
→ ♥ = 16 - 13
→ ♥ = 3

12 5+♥+7=13
→ ♥ + 12 = 13
→ ♥ = 13 - 12
→ ♥ = 1

---

 9 세 수의 덧셈식과 뺄셈식에서 ■의 값 구하기(2)

월 일

□ 안에 알맞은 수를 써넣으시오. (1~8)

1 9-3+♥=12
→ 6 + ♥ = 12
→ ♥ = 12 - 6
→ ♥ = 6

2 7-5+♥=11
→ 2 + ♥ = 11
→ ♥ = 11 - 2
→ ♥ = 9

3 12-5+♥=13
→ 7 + ♥ = 13
→ ♥ = 13 - 7
→ ♥ = 6

4 15-8+♥=16
→ 7 + ♥ = 16
→ ♥ = 16 - 7
→ ♥ = 9

5 18-13+♥=12
→ 5 + ♥ = 12
→ ♥ = 12 - 5
→ ♥ = 7

6 12-9+♥=15
→ 3 + ♥ = 15
→ ♥ = 15 - 3
→ ♥ = 12

7 13-7+♥=16
→ 6 + ♥ = 16
→ ♥ = 16 - 6
→ ♥ = 10

8 17-9+♥=14
→ 8 + ♥ = 14
→ ♥ = 14 - 8
→ ♥ = 6

계산은 빠르고 정확하게!

걸린 시간	1~8분	8~12분	12~16분
맞은 개수	15~16개	12~14개	1~11개
평가	참 잘했어요.	잘했어요.	좀더 노력해요.

□ 안에 알맞은 수를 써넣으시오. (9~16)

9 10-4+♥=18
→ 6 + ♥ = 18
→ ♥ = 18 - 6
→ ♥ = 12

10 16-8+♥=15
→ 8 + ♥ = 15
→ ♥ = 15 - 8
→ ♥ = 7

11 14-9+♥=17
→ 5 + ♥ = 17
→ ♥ = 17 - 5
→ ♥ = 12

12 15-9+♥=13
→ 6 + ♥ = 13
→ ♥ = 13 - 6
→ ♥ = 7

13 17-12+♥=13
→ 5 + ♥ = 13
→ ♥ = 13 - 5
→ ♥ = 8

14 36-24+♥=19
→ 12 + ♥ = 19
→ ♥ = 19 - 12
→ ♥ = 7

15 48-25+♥=27
→ 23 + ♥ = 27
→ ♥ = 27 - 23
→ ♥ = 4

16 46-35+♥=20
→ 11 + ♥ = 20
→ ♥ = 20 - 11
→ ♥ = 9

9 세 수의 덧셈식과 뺄셈식에서 ■의 값 구하기(3)

월 일

계산은 빠르고 정확하게!

걸린 시간	1~8분	8~12분	12~16분
맞은 개수	15~16개	12~14개	1~11개
평가	참 잘했어요.	잘했어요.	좀더 노력해요.

□ 안에 알맞은 수를 써넣으시오. (1~8)

1 12-4-♥=3
⇒ 8 - ♥=3
⇒ ♥= 8 - 3
⇒ ♥= 5

2 15-6-♥=2
⇒ 9 - ♥=2
⇒ ♥= 9 - 2
⇒ ♥= 7

3 13-7-♥=4
⇒ 6 - ♥=4
⇒ ♥= 6 - 4
⇒ ♥= 2

4 14-6-♥=1
⇒ 8 - ♥=1
⇒ ♥= 8 - 1
⇒ ♥= 7

5 16-4-♥=3
⇒ 12 - ♥=3
⇒ ♥= 12 - 3
⇒ ♥= 9

6 17-2-♥=7
⇒ 15 - ♥=7
⇒ ♥= 15 - 7
⇒ ♥= 8

7 18-5-♥=9
⇒ 13 - ♥=9
⇒ ♥= 13 - 9
⇒ ♥= 4

8 19-7-♥=4
⇒ 12 - ♥=4
⇒ ♥= 12 - 4
⇒ ♥= 8

□ 안에 알맞은 수를 써넣으시오. (9~16)

9 24-11-♥=7
⇒ 13 - ♥=7
⇒ ♥= 13 - 7
⇒ ♥= 6

10 27-12-♥=4
⇒ 15 - ♥=4
⇒ ♥= 15 - 4
⇒ ♥= 11

11 26-15-♥=2
⇒ 11 - ♥=2
⇒ ♥= 11 - 2
⇒ ♥= 9

12 35-23-♥=5
⇒ 12 - ♥=5
⇒ ♥= 12 - 5
⇒ ♥= 7

13 45-21-♥=20
⇒ 24 - ♥=20
⇒ ♥= 24 - 20
⇒ ♥= 4

14 39-27-♥=7
⇒ 12 - ♥=7
⇒ ♥= 12 - 7
⇒ ♥= 5

15 48-12-♥=21
⇒ 36 - ♥=21
⇒ ♥= 36 - 21
⇒ ♥= 15

16 49-33-♥=7
⇒ 16 - ♥=7
⇒ ♥= 16 - 7
⇒ ♥= 9

9 세 수의 덧셈식과 뺄셈식에서 ■의 값 구하기(4)

월 일

계산은 빠르고 정확하게!

걸린 시간	1~8분	8~12분	12~16분
맞은 개수	15~16개	12~14개	1~11개
평가	참 잘했어요.	잘했어요.	좀더 노력해요.

□ 안에 알맞은 수를 써넣으시오. (1~8)

1 7+8-♥=6
⇒ 15 - ♥=6
⇒ ♥= 15 - 6
⇒ ♥= 9

2 5+6-♥=3
⇒ 11 - ♥=3
⇒ ♥= 11 - 3
⇒ ♥= 8

3 6+7-♥=4
⇒ 13 - ♥=4
⇒ ♥= 13 - 4
⇒ ♥= 9

4 6+9-♥=7
⇒ 15 - ♥=7
⇒ ♥= 15 - 7
⇒ ♥= 8

5 8+8-♥=9
⇒ 16 - ♥=9
⇒ ♥= 16 - 9
⇒ ♥= 7

6 9+8-♥=3
⇒ 17 - ♥=3
⇒ ♥= 17 - 3
⇒ ♥= 14

7 9+4-♥=5
⇒ 13 - ♥=5
⇒ ♥= 13 - 5
⇒ ♥= 8

8 8+6-♥=9
⇒ 14 - ♥=9
⇒ ♥= 14 - 9
⇒ ♥= 5

□ 안에 알맞은 수를 써넣으시오. (9~16)

9 12+5-♥=9
⇒ 17 - ♥=9
⇒ ♥= 17 - 9
⇒ ♥= 8

10 13+3-♥=7
⇒ 16 - ♥=7
⇒ ♥= 16 - 7
⇒ ♥= 9

11 15+4-♥=6
⇒ 19 - ♥=6
⇒ ♥= 19 - 6
⇒ ♥= 13

12 8+21-♥=5
⇒ 29 - ♥=5
⇒ ♥= 29 - 5
⇒ ♥= 24

13 12+24-♥=3
⇒ 36 - ♥=3
⇒ ♥= 36 - 3
⇒ ♥= 33

14 16+22-♥=5
⇒ 38 - ♥=5
⇒ ♥= 38 - 5
⇒ ♥= 33

15 31+17-♥=4
⇒ 48 - ♥=4
⇒ ♥= 48 - 4
⇒ ♥= 44

16 12+17-♥=6
⇒ 29 - ♥=6
⇒ ♥= 29 - 6
⇒ ♥= 23

10 신기한 연산

학습 날짜
월
일

계산은 빠르고 정확하게!

걸린 시간	1~15분	15~20분	20~25분
맞은 개수	16~17개	12~15개	1~11개
평가	참 잘했어요.	잘했어요.	좀더 노력해요.

⏰ 주어진 조건을 보고 도형이 나타내는 수를 구하시오. (단, 같은 도형은 같은 수를 나타냅니다.) (1~5)

1 17−■−■=5   ■+7=▲   ▲−5+4=●
● = 12

2 12−▲−▲=6   ▲+9=■   ■−5+8=●
● = 15

3 13−●−●=3   ●+8=■   ▲+2−8=■
■ = 7

4 18−■−■=4   8+■=●   ●−6+4=▲
▲ = 13

5 11−●−●=3   9+●=■   ■−5+6=▲
▲ = 14

⏰ ▲에 알맞은 수를 구하시오. (6~9)

6 9+4+▲=18   ▲ = 5

7 15−8+▲=14   ▲ = 7

8 48−23−▲=12   ▲ = 13

9 12−9+▲=50   ▲ = 47

⏰ ○ 안에 +, −를 알맞게 써넣어 식이 성립하도록 하시오. (10~17)

10 7 ⊕ 5 ⊖ 9=3   **11** 6 ⊕ 7 ⊖ 8=5

12 15 ⊖ 8 ⊕ 7=14   **13** 9 ⊖ 4 ⊕ 8=13

14 6 ⊕ 7 ⊖ 5=8   **15** 9 ⊕ 5 ⊖ 8=6

16 9 ⊖ 3 ⊕ 7=13   **17** 11 ⊖ 2 ⊕ 6=15

확인 평가

걸린 시간	1~10분	10~15분	15~20분
맞은 개수	31~34개	24~30개	1~23개
평가	참 잘했어요.	잘했어요.	좀더 노력해요.

⏰ □ 안에 알맞은 수를 써넣으시오. (1~12)

1 5+6+7= 18
11
18

2 3+6+8= 17
9
17

3 2+6+7= 15

4 3+4+8= 15

5 5+3+8= 16

6 7+2+7= 16

7 14−2−8= 4
12
4

8 13−7−4= 2
6
2

9 16−5−2= 9

10 18−5−6= 7

11 19−6−7= 6

12 15−4−7= 4

⏰ □ 안에 알맞은 수를 써넣으시오. (13~24)

13 5+9−6= 8
14
8

14 13−6+8= 15
7
15

15 6+7−8= 5

16 5+9−12= 2

17 13−4+6= 15

18 14−7+9= 16

19 6+7=13 〈 13− 7 =6
13− 6 =7

20 5+9=14 〈 14− 9 =5
14− 5 =9

21 8+6=14 〈 14− 6 =8
14− 8 =6

22 7+8=15 〈 15− 8 =7
15− 7 =8

23 7+♥=16
➡ ♥= 16 − 7
➡ ♥= 9

24 9+♥=18
➡ ♥= 18 − 9
➡ ♥= 9

 확인 평가

⏰ □ 안에 알맞은 수를 써넣으시오. (25 ~ 34)

25 $13-9=4$ ⟨ $4+\boxed{9}=13$
$9+\boxed{4}=13$ ⟩

26 $16-7=9$ ⟨ $9+\boxed{7}=16$
$7+\boxed{9}=16$ ⟩

27 $17-8=9$ ⟨ $9+\boxed{8}=17$
$8+\boxed{9}=17$ ⟩

28 $13-5=8$ ⟨ $8+\boxed{5}=13$
$5+\boxed{8}=13$ ⟩

29 ★$-5=7$
➡ ★$=\boxed{7}+\boxed{5}$
➡ ★$=\boxed{12}$

30 ★$-7=6$
➡ ★$=\boxed{6}+\boxed{7}$
➡ ★$=\boxed{13}$

31 $4+5+$♥$=16$
➡ $\boxed{9}+$♥$=16$
➡ ♥$=\boxed{16}-\boxed{9}$
➡ ♥$=\boxed{7}$

32 $7+6-$♥$=8$
➡ $\boxed{13}-$♥$=8$
➡ ♥$=\boxed{13}-\boxed{8}$
➡ ♥$=\boxed{5}$

33 $14-9-$★$=2$
➡ $\boxed{5}-$★$=2$
➡ ★$=\boxed{5}-\boxed{2}$
➡ ★$=\boxed{3}$

34 $15-2-$★$=5$
➡ $\boxed{13}-$★$=5$
➡ ★$=\boxed{13}-\boxed{5}$
➡ ★$=\boxed{8}$

 👑 크라운 온라인 평가 응시 방법

에듀왕닷컴 접속 www.eduwang.com
⮟
메인 상단 메뉴에서 단원평가 클릭
⮟
단계 및 단원 선택
⮟
온라인 단원평가 실시(30분 동안 평가 실시)
⮟
크라운 확인

🐰 각 단원평가를 통해 100점을 받으시면 크라운 1개를 드리며, 획득하신 크라운으로 에듀왕 닷컴에서 판매하고 있는 교재 및 서비스를 무료로 구매하실 수 있습니다.

(크라운 1개 – 1000원)

초등 수학의 기본은 연산력!!

신기한
연산왕

A-4 초1 수준 정답